博 物 館 裏 的 中 國

四海遺珍的中國夢

宋新潮 潘守永　主編

陸青松　編著

推薦序

一直以來不少人說歷史很悶，在中學裏，無論是西史或中史，修讀的人逐年下降，大家都著急，但找不到方法。不認識歷史，我們無法知道過往發生了什麼事情，無法鑒古知今，不能從歷史中學習，只會重蹈覆轍，個人、社會以至國家都會付出沉重代價。

歷史沉悶嗎？歷史本身一點不沉悶，但作為一個科目，光看教科書，碰上一知半解，或學富五車但拙於表達的老師，加上要應付考試，歷史的確可以令人望而生畏。

要生活於二十一世紀的年青人認識上千年，以至數千年前的中國，時間空間距離太遠，光靠文字描述，顯然是困難的。近年來，學生往外地考察的越來越多，長城、兵馬俑坑絕不陌生，部分同學更去過不止一次，個別更遠赴敦煌或新疆考察。歷史考察無疑是讓同學認識歷史的好方法。身處歷史現場，與古人的距離一下子拉近了。然而，大家參觀故宮、國家博物館，乃至敦煌的莫高窟時，對展出的文物有認識嗎？大家知道什麼是唐三彩？什麼是官、哥、汝、定瓷嗎？大家知道誰是顧愷之、閻立本，荊關董巨四大畫家嗎？大家認識佛教藝術的起源，如何傳到中國來的嗎？假如大家對此一無所知，也就是說對中國文化藝術一無所知的話，其實往北京、洛陽、西安以至敦煌考察，也只是淪於“到此一遊”而已。依我看，不光是學生，相信本港大部分中史老師也都缺乏對文物的認識，這是香港的中國歷史文化學習的一個缺環。

　　早在十多年前還在博物館工作時，我便考慮過舉辦為中小學老師而設的中國文物培訓班，但因各種原因終未能成事，引以為憾。七八年前，中國國家博物館出版了《文物中的中國歷史》一書，有助於師生們透過文物認識歷史。是次，由宋新潮及潘守永等文物專家編寫的“博物館裏的中國”，內容更闊，讓大家可安坐家中“參觀”博物館，通過文物，認識中國古代燦爛輝煌的文明。謹此向大家誠意推薦。

丁新豹

序

在這裏，讀懂中國

博物館是人類知識的殿堂，它珍藏著人類的珍貴記憶。它不以營利為目的，面向大眾，為傳播科學、藝術、歷史文化服務，是現代社會的終身教育機構。

中國博物館事業雖然起步較晚，但發展百年有餘，博物館不論是從數量上還是類別上，都有了非常大的變化。截至目前，全國已經有超過四千家各類博物館。一個豐富的社會教育資源出現在家長和孩子們的生活裏，也有越來越多的人願意到博物館遊覽、參觀、學習。

"博物館裏的中國"是由博物館的專業人員寫給小朋友們的一套書，它立足科學性、知識性，介紹了博物館的豐富藏品，同時注重語言文字的有趣與生動，文圖兼美，呈現出一個多樣而又立體化的"中國"。

這套書的宗旨就是記憶、傳承、激發與創新，讓家長和孩子通過閱讀，愛上博物館，走進博物館。

記憶和傳承

博物館珍藏著人類的珍貴記憶。人類的文明在這裏保存，人類的文化從這裏發揚。一個國家的博物館，是整個國家的財富。目前中國的博物館包括歷史博物館、藝術博物館、科技博物館、自然博物館、名人故居博物館、歷史紀念館、考古遺址博物館以及工業博物館等等，種類繁多；數以億計的藏品囊括了歷史文物、民俗器物、藝術創作、化石、動植物標本以及科學技術發展成果等諸多方面的代表性實物，幾乎涉及所有的學科。

如果能讓孩子們從小在這樣的寶庫中徜徉，年復一年，耳濡目染，吸收寶貴的精神養分成長，自然有一天，他們不但會去珍視、愛護、傳承、捍衛這些寶藏，而且還會創造出更多的寶藏來。

激發和創新

博物館是激發孩子好奇心的地方。在歐美發達國家，父母在周末帶孩子參觀博物館已成為一種習慣。在博物館，孩子們既能學知識，又能和父母進行難得的交流。有研究表明，十二歲之前經常接觸博物館的孩子，他的一生都將在博物館這個巨大的文化寶庫中汲取知識。

青少年正處在世界觀、人生觀和價值觀的形成時期，他們擁有最強烈的好奇心和最天馬行空的想像力。現代博物館，既擁有千萬年文化傳承的珍寶，又充分利用聲光電等高科技設備，讓孩子們通過參觀遊覽，在潛移默化中學習、了解中國五千年文化，這對完善其人格、豐厚其文化底蘊、提高其文化素養、培養其人文精神有著重要而深遠的意義。

讓孩子從小愛上博物館，既是家長、老師們的心願，也是整個社會特別是博物館人的責任。

基於此，我們在眾多專家、學者的支持和幫助下，組織全國的博物館專家編寫了"博物館裏的中國"叢書。叢書打破了傳統以館分類的模式，按照主題分類，將藏品的特點、文化價值以生動的故事講述出來，讓孩子們認識到，原來博物館裏珍藏的是歷史文化，是科學知識，更是人類社會發展的軌跡，從而吸引更多的孩子親近博物館，進而了解中國。

讓我們穿越時空，去探索博物館的秘密吧！

潘守永

於美國弗吉尼亞州福爾斯徹奇市

目錄

第 3 章　大都會藝術博物館裏的中國技藝

第 4 章　東京國立博物館裏的唐宋印象

導　言

中國國寶在海外

中國有著五千多年的文明史，先人靠著勤勞的雙手和無窮的智慧，給我們留下了豐富絢爛的文化遺產。我們流連於故宮博物院、中國國家博物館、首都博物館等各大博物館，欣賞這些瑰寶的時候，自豪之感常常油然而生。

散落在世界各地的中國國寶，同樣散發著中華文明之光。那些原本屬中國的珍貴文物，在漫長的時期裏是怎樣漂泊到遙遠的異國他鄉成為異國東方珍寶的？這是一個不能迴避的問題。我相信每一個華夏兒女，看到或想到那些被封存在異國櫥窗裏的中國國寶，內心的感受一定是五味雜陳的。

根據官方統計，中國流失海外的文物多達一百六十四萬件，被世界四十七家博物館收藏，其中包括倫敦大英博物館、紐約大都會藝術博物館、巴黎羅浮宮、東京國立博物館和聖彼得堡冬宮等許多世界著名的博物館。至於通過各種渠道流落海外被私人收藏的中國文物又有多少，恐怕沒有人能夠統計得出。圓明園的大火、八國聯軍入侵以及二十世紀上半葉的戰亂，都在傳達著這樣的信息：近代中國的多災多難，是導致國寶流失到遙遠異域的主要原因。此外，文物走私帶來的暴利，也是中國國寶不斷流失海外的原因之一。當然，這些並非全部原因。

我們還應該看到，不管是在國力強盛的漢唐王朝，還是在經濟繁榮的宋元明清時期，"中國製造"都曾作為饋贈給各國使者的禮品，或作為對外貿易的商品遠銷海外。它們漂洋過海，對文化交流和傳播起到了重要的作用。無論是遣唐使、鄭和船隊和馬嘎爾尼訪華使團這樣大規模的官方往來，還是諸如阿倍仲麻呂、鑒真和馬可波羅這樣的民間人士，都曾把中國瑰寶和中國技藝傳到世界各地，在傳播中國文化的同時，也推動著當地文化的繁榮與發展。

為了能讓流失海外的更多國寶回歸祖國，中國政府一直在通過外交和法律等手段，向各個國家和拍賣機構追討那些以不正當手段獲取的中國國寶。一些愛國人士也紛紛解囊，高價購得了一批通過合法手續拍賣出的中國國寶並無償地捐給祖國。一些外國友人也伸出援手。

2013 年 4 月，法國的藝術品收藏家弗朗索瓦·皮諾先生宣佈，把購得的兩件圓明園獸首——兔首和鼠首，以捐贈的方式無償地歸還中國。他們的精神，著實令人感動和欽佩！

現在，請跟隨我們的腳步，到國外的博物館，去發現那些中國文物誕生和漂洋過海的故事。

第 1 章

大英博物館裏的中國記憶

它在發現之初，被考古學家誤認成了龍。後來的研究發現，它是豬的形象。然而此時，"玉龍"已經家喻戶曉，於是人們想出一個辦法，把這頭玉豬命名為"玉豬龍"。

國寶傳奇

　　西晉的第二位皇帝名叫司馬衷，他從小就不愛讀書，整天吃喝玩樂，不務正業。皇帝不理朝政，大權就落在了皇后賈南風的手裏。賈氏心狠手辣，生活又荒淫無度，引起朝中大臣們的不滿。一位叫張華的大臣想了一個辦法，他收集了歷代先賢聖女的故事，寫成了文章——《女史箴》，希望對賈皇后起到勸誡和警示的作用。這篇文章傳到東晉時，大畫家顧愷之根據其內容畫成了一幅幅的圖畫，並配上《女史箴》原文，中國歷史上的曠世名作《女史箴圖》就這樣誕生了。

　　到了唐代，《女史箴圖》成為很多人爭相收藏的名畫。原畫幾經易手，早已不知所終。我們現在所能看到的，只有唐代和宋代畫家畫的兩幅摹本了。這兩幅摹本的藝術價值也很高，在接下來的一千年裏，它們經歷了難以想像的顛沛流離⋯⋯

　　唐代畫家臨摹的《女史箴圖》由於神韻接近顧愷之的原作，被後人奉為經典，千百年來輾轉於宮廷與文人墨客之

圖 1.1.1
《女史箴圖》（局部）
大英博物館館藏

圖 1.1.2
歷代印章

間。宋徽宗趙佶得到此畫後，愛不釋手，在畫卷中以他特有的瘦金體書寫了十一行的《女史箴》。此後，唐摹本《女史箴圖》又在金代和明代的宮廷中收藏。明代中期，這件國寶流到宮外，被鑒賞家項子京等文人收藏。清代以後，它重新回到宮中。乾隆皇帝把《女史箴圖》和自己心愛的其他一些寶物放在了專門的殿堂之內。南宋摹本也歷經坎坷，最後被北京故宮博物院收藏。

然而，清宮中平靜的生活並不長久，1900年，八國聯軍侵入北京，清宮遭到洗劫，唐摹本《女史箴圖》沒有躲過厄運，它被英軍大尉基勇松搶走，開始了海外的流亡生涯。《女史箴圖》被帶到了英國，1903年，大英博物館以二十五英鎊買下。大英博物館收藏畫卷後，卻沒有好好愛惜、妥善保管。為減少開卷，大英博物館將《女史箴圖》攔腰裁為兩截，裱在板上懸掛，致使畫卷損壞嚴重。重新裝裱時，畫上明清時期文人留下的題跋全都被無情地剪掉。更為可惜的是，被基勇松搶到英國的《女史箴圖》原有十二段，但因年代久遠，目前僅存九段。

說起來，《女史箴圖》曾有一次回到祖國懷抱的機會。第二次世界大戰後，英國政府為感謝中國軍隊在緬甸仁安羌解救了被日軍圍困的七千英軍，曾有意以《女史箴圖》或艦艇作為回報。最終，中國選擇了艦艇。就這樣，《女史箴圖》與祖國擦肩而過，留在了大英博物館，和收藏在北京故宮博物院的宋摹本分隔在世界的東西方。

　　大英博物館，這座歷經兩百多年風雨的博物館，究竟有何魅力，能夠將東西方文化兼容並包？現在，我們就開始大英博物館中的中國珍寶之旅吧！

圖 1.1.3
《女史箴圖》（局部）

博物館探秘

圖 1.2.1
歷史上的大英博物館

圖 1.2.2
大英博物館外景

大英博物館，又稱不列顛博物館，它的歷史可以追溯到 1753 年。漢斯・斯隆爵士是這座博物館的奠基人，他在世界各地收羅了大量的藝術品。1753 年，英國政府根據他的遺囑，以市價四分之一的價格收購了他的所有藏品，並同時收購了羅伯特・科頓爵士和哈利爵士的收藏，正式成立了大英博物館。1759 年，博物館在普斯特卡頓的蒙塔古大樓正式對外開放，免費供全民參觀。

圖 1.2.3
圓形閱覽室

建立新館

後來，這座博物館裏的藏品數量越來越多，博物館的規模也日益擴大。為了更好地保存這些藏品，1823 年，英國政府決定在布魯斯貝利增建新館，新館由建築師羅伯特·史莫克設計，用了十七年才建造完成。有了新館之後，蒙塔古大樓不久就被拆除了。新館建成不久，又在院子裏建成了對公眾開放的圓形閱覽室。又過了幾十年，藏品更加豐富了，新館也盛不下，於是只能"分家"。1880 年，大英博物館將館藏的自然歷史標本與考古文物分離，大英博物館專門收集考古文物。1900 年，博物館又一次被重新劃分，書籍、手稿等內容被分離了出來，組成新的大英圖書館。

從 1884 年到 1938 年，大英博物館先後增建了愛德華七世畫廊、收藏帕特農神殿雕像的西廊等建築，基本形成了今天的規模。

中國文物在這裏

　　大英博物館收藏的中國文物有二萬三千餘件，與日本、印度及其他東南亞國家的文物一起存放在東方藝術文物館裏。中國文物在大英博物館中擁有專門的陳列室和展廳，常年展出兩千餘件中國藏品。除了《女史箴圖》等珍貴的書畫之外，我們還能看到中國各個時期的出土文物、敦煌壁畫、唐宋書畫以及明清瓷器等等。如此豐富的藏品，讓參觀者樂此不疲，沉醉其中。走在中國展廳，就像回到了中國古代，這裏有聰明智慧，有刀光劍影，也有光怪陸離的精神世界。

　　《女史箴圖》並不孤單，大英博物館中還存放著很多來自中國的文物，讓我們來一一探尋它們背後的故事吧。

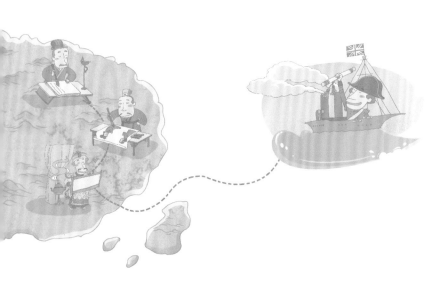

琳琅滿目

原來豬也可以成為龍——玉豬龍

它是這個樣子的

玉豬龍是大英博物館裏年代最早的中國玉器，它從五千年前的新石器時代穿越而來。

這件由中國遼寧的岫岩軟玉雕琢而成的玉豬龍，豬首龍身，通體呈青綠色，身體蜷曲，呈字母 C 形，頭部和尾巴靠近。整件器物厚重、粗獷，頭部的形象刻畫得十分逼真：肥胖的頭部，大大的耳朵和眼睛，開闊的嘴唇。器物的中部是光滑的環孔，背部也有一小孔，可以穿繩佩帶在腰間。

圖 1.3.1
玉豬龍
大英博物館館藏

美麗的誤會

玉豬龍其實不是龍，而是豬，這源於一個善意的誤會。二十世紀八十年代初，這種造型的玉器，首先在中國遼寧省凌源市建平縣的牛河梁村被發現，考古學家把它誤認成了龍。首先發現的這批玉豬，自然也就成了"玉龍"。

圖 1.3.2
玉豬龍
中國國家博物館館藏

隨著研究的深入，人們發現，玉龍原來是玉豬。為了照顧以往的習慣，人們就想出了一個辦法，把這種玉豬命名為"玉豬龍"。

　　此後，內蒙古自治區和河南省三門峽市等地區，相繼出土了這種豬龍造型的玉器，玉豬龍的叫法也就傳開了。

　　玉豬龍的形象是怎樣產生的？這就要追溯到上萬年前的原始社會後期啦！那時的先民完成了對野豬的馴養，並且對豬產生了圖騰崇拜。因為野豬有強悍的體形，敢與虎豹相搏，所以在先民的眼中，豬不僅是財富的代表，也是勇猛的象徵。於是，我們的祖先就把玉按照豬的形象做成

圖 1.3.3
玉豬龍
內蒙古自治區
敖漢旗博物館館藏

圖 1.3.4
玉豬龍
內蒙古自治區
巴林右旗博物館館藏

圖 1.3.5
玉豬龍
河南省三門峽市
虢國博物館館藏

了各種佩件。再到後來，人們又把豬頭和龍的身體進行了組合，通過抽象和深化就成了現在我們所看到的玉豬龍的形象。

玉豬龍是做什麼用的呢？這個問題引起過熱烈的討論，基本形成了兩種觀點：一是用於祭祀活動的禮器，是溝通人與天地、神靈關係的媒介。氏族首領在祭祀祖先或天神時，經常使用它。這類器物在出土時，多數是在死者的胸部發現的，所以第二種觀點產生了——它是人們身上的掛件。綜合以上說法，玉豬龍很有可能是某種等級和權力的象徵。

大英博物館收藏的這件玉豬龍是什麼時候、通過什麼方式來到這裏的，我們已經不得而知。如今，這件玉豬龍靜靜地沉睡在展廳中，向世界展示著中國先民原始的信仰。

做豬呢，最緊要的是要有變龍的夢想。

輝煌年代的見證——康侯簋

它是這個樣子的

在大英博物館的大廳裏，陳列著一件西周初年的康侯簋，它是祭祀祖先的禮器。

器物內部刻有二十四個字，字雖不多，但是內容很重要，它印證了西周開國的一段歷史：西周的第二位君王周成王討伐商代舊貴族的叛亂之後，把原來商代的都城分封給了康侯，康侯成了衛國的國君。

它出生啦

商代末年，紂王昏庸殘暴，殘酷剝削奴隸和平民，修建了許多宮殿、園林，終日飲酒和打獵。在他的統治下，百姓苦不堪言。此時，渭水流域的周部落在西伯侯姬昌的治理下，國力日漸強盛。姬昌死後，兒子姬發即位，決定討伐紂王，還百姓一個太平盛世。公元前 1046 年前後，姬發率軍進攻商的都城朝歌（今河南省淇縣）。經過牧野一戰，姬發大敗商軍，推翻了紂王的統治，建立了周王朝，後人尊其為武王。

滅商之後，武王把紂王的兒子武庚也封了

簋

簋，是中國古代用來盛放煮熟飯食的器皿，也是一種禮器，流行於商代至東周。

圖 1.3.6
武王像

圖 1.3.7
康侯簋
大英博物館館藏

侯，繼續統治原來的地方。武王又把武庚封地周
圍的土地分給了自己的三個弟弟——霍叔、管叔
和蔡叔，以達到監視武庚的目的。武王死後，武
庚聯合霍叔、管叔和蔡叔，在東方一些國家的支
持下，發動了叛亂。武王的兒子成王在周公的輔
佐下，平定了叛亂，把一些親戚和功臣分封到一
些重要地區做國君，成為王朝的屏障。其中最具
戰略意義的封地——商代的舊都朝歌，成王把它
分給了自己的叔叔康侯姬封。此後，姬封以朝歌
為中心，建立了衛國。康侯的大臣疑，也分到了
一塊地方。疑備感榮耀，就鑄造了這件青銅器，
希望得到祖先的護佑。

圖 1.3.8
康侯簋銘文拓本

重見天日

幾千年後，一個偶然的機會，康侯簋重見天日。1931 年的一天，一場暴雨過後，河南辛村的村民沿著山坡挖窯洞，突然，一個村民挖出了一個奇怪的東西，仔細一看，是一件周身帶著銅鏽的青銅器，看起來像個大碗，兩側各有一個把手。村民認為這是一件稀罕物，就興奮地叫其他人來看。大家一看是青銅器，猜想下面一定是個古墓，於是又挖了起來。果然，地下是一座寶庫，大大小小的青銅器、陶器，一件接著一件被挖了出來。辛村挖出青銅器的消息不脛而走，文物商、古董販子蜂擁而至，搶購出土的古董。河南古跡研究會聞訊後，也立刻派人前往，希望制止村民胡亂挖掘墓葬的行為。可是，在他們趕到之前，出土的二十幾件文物早已被文物販子搶購一空。

第二年，在考古學家郭寶鈞的主持下，河南古跡研究會又重新發掘辛村古墓，在這一片長約五百米、寬約三百米的墓地裏，共發掘出了八十多座墓葬。根據墓葬的規模和出土青銅器的銘文判斷，這個墓葬群竟然就是歷代衛侯的墓地。可惜的是，這些墓葬大多已被盜，墓葬中的隨葬品也所剩無幾。許多珍貴的器物早已被文物販子賣

圖 1.3.9
郭寶鈞

到了文物市場上，還有一些輾轉被賣到了國外，其中就有這件珍貴的康侯簋……

被廉價賣出的國寶——引路菩薩圖

它是這個樣子的

那邊，裊裊婷婷地飄來一位菩薩……等等，再仔細看看，啊，原來是一幅高八十點五厘米、寬五十三點八厘米的唐代晚期絹畫上的菩薩！絹畫將寫實主義和浪漫主義的畫風完美結合，描繪了菩薩引導死去的亡靈升入天國的場面。畫中的整個場景被裊裊升騰的雲氣籠罩，點綴著的幾朵飄零花雨，把整個畫面帶入了一種神秘的宗教氣氛之中。畫面的右下角有部分雲帶，細密地描繪著各種花紋，象徵天和地之間的界限。左上角是菩薩所乘的黃雲，隱藏了一些建築物，這裏就是佛教所說的淨土。畫幅的右上角寫著“引路菩”三個字，畫面中很多部分，如香爐、菩薩的髮飾，都是用金色描繪的。全畫的彩繪鮮艷美麗，完美地體現了唐代繪畫的風貌。

畫中菩薩步履緩慢，衣服裝飾有瓔珞，右手握著香爐，左手拿著蓮花，蓮花的旁邊有一縷下垂的白帶子——幡（一種窄長的旗子，垂直懸

圖 1.3.10
菩薩放大圖

圖 1.3.11
唐代晚期《引路菩薩圖》
大英博物館館藏

掛）。菩薩的後面緊緊跟著一位年輕的女子，她
雙目低視，端莊肅穆，面帶微笑，被引到"樂土"
之中。這位女子衣著寬大，博鬢蓬鬆，頭梳高
髻，插著金鈿和簪釵，面部施有朱粉與口脂一類
的化妝品，眉式為濃暈蛾翅眉。人物形象嫻雅而
具富貴之氣，與唐代中期著名畫家周昉《簪花仕
女圖》中的人物如出一轍。

顛沛流離

這種菩薩引路題材的圖畫，大英博物館共藏有兩件，都是英國探險者馬爾克·奧萊爾·斯坦因從中國敦煌莫高窟藏經洞帶到英國的。

1900 年 6 月 22 日，居住在莫高窟下寺的道士王圓在清理現在編號第十六窟的甬道積沙時，偶然發現了藏經洞（也就是現在的第十七窟），洞中發現了四至十一世紀的佛教經卷、文書、刺繡、絹畫、紙畫、法器等文物五萬餘件，這可是一大批珍寶啊！他很快向當地知縣報告了藏經洞

圖 1.3.12
《引路菩薩圖》中的貴婦形象

圖 1.3.13
北宋《引路菩薩圖》
大英博物館館藏

圖 1.3.14
古代女子美麗的髮型

被發現的經過。知縣在命令他趕快就地封存的同時，也把這一情況報告給了當時的甘肅學政、金石學家葉昌熾。但此時正逢八國聯軍侵華，時局動蕩、官場腐敗，沒有人顧得上這件事情，上交的文物沿途被各級官員瓜分，此事便不了了之。就這樣，藏經洞裏的文物錯過了被完整保存的歷史機遇。

　　1907 年，藏經洞等到了第一位對它感興趣的"客人"，那就是掠奪藏經洞文物的第一人──馬爾克‧奧萊爾‧斯坦因。在中文翻譯秘書蔣孝琬的出謀劃策下，斯坦因趁王道士整修洞窟缺乏修繕資金之機，謊稱自己是唐玄奘的追隨者，希望能像玄奘西天取經那樣從藏經洞取走經書，日後歸還。最後，他以二百兩白銀"功德錢"的代價，帶走了二十九箱書籍和藝術品。1914 年，斯坦因再次來到藏經洞，又以五百兩白銀向王圓購得了五百七十段書籍。斯坦因帶走的這兩批文物現大多藏於大英博物館，數量在一萬三千七百件左右，兩幅《引路菩薩圖》就在其中。藏經洞在世界上引起了強烈的轟動，刺激了其他國家的探險者，他們紛紛來到敦煌掠寶，敦煌文書、壁畫等珍貴文物再一次大規模流失。

敦煌藏經洞引路菩薩題材的絹畫共有十一幅，除了大英博物館的兩幅之外，還有九幅分別藏於法國吉美博物館（六幅）、中國甘肅省博物館（一幅）和中國敦煌博物館（二幅）。其中，吉美博物館的六幅是由探險家保羅・伯希和在 1908 年帶回法國的。幸運的是，伯希和深諳漢語和中國

圖 1.3.15
馬爾克・奧萊爾・斯坦因

圖 1.3.16

五代《引路菩薩圖》

吉美博物館館藏

歷史，他帶走的藏經洞文物得到了很好的研究，
一門研究藏經洞文物的學問——敦煌學，也得
以興起，並逐步發展成為具有國際影響力的學科
分支。收藏在大英博物館裏的這兩幅引路菩薩絹
畫，成為人們研究唐代民間宗教信仰的原始資料。

國　寶　檔　案

東國公主傳蠶種木版畫

類別：木版畫

時代：唐代

原屬地：新疆和田

現藏地：大英博物館

　　身世揭秘：這件木版畫是 1914 年斯坦因發
掘和田地區丹丹烏里克古城遺址時，偶然得到
的。木版畫的中央是一位盛裝的貴婦人，頭戴著
高高的帽子，旁邊有兩個侍女，左邊侍女手指著
貴婦人的帽子。畫的左端有一個盛滿了東西的籃
子，右端有一件紡車形狀的物品。畫中的貴婦人
就是故事的主人公──東國公主。侍女手指貴婦

圖 1.4.1

東國公主傳蠶種木版畫

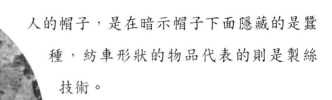

圖 1.4.2
東國公主放大圖

人的帽子，是在暗示帽子下面隱藏的是蠶種，紡車形狀的物品代表的則是製絲技術。

這幅唐代木版畫，印證了玄奘在《大唐西域記》中記載的故事：古時候的瞿薩旦那國（在今新疆和田附近）沒有蠶桑技術，便派使臣前往東國請求恩賜。東國不但拒絕了使者的請求，還嚴禁蠶種外傳。瞿薩旦那國的國王便想到用求婚的辦法獲得蠶種，他讓使臣傳話給即將出嫁的東國公主，希望她能帶來一些蠶種，好自己做衣服。公主把收集來的蠶種藏在自己的帽子裏，躲過了盤查，蠶種就這樣傳入了瞿薩旦那國。人們對東國公主的身份做出了種種猜測：漢朝公主、北魏公主、鄯善公主，還是樓蘭公主，說法不一。但是，繪畫和故事反映了一個真實的歷史，那就是養蠶、繅絲、織絹技術是從中原逐漸西傳的。東國公主傳蠶種的故事，為蠶桑技術西傳的歷史提供了很好的注腳。

白地黑花熊紋瓷枕

類別：瓷器

時代：宋代

原屬地：磁州窰

現藏地：大英博物館

身世揭秘：這件宋代磁州窰燒造的瓷枕，腰圓形，直徑三十一點五厘米。枕頭的外圍裝飾有較寬的黑邊，其餘部分是用白釉裝飾的。中心地帶用黑色繪製了一隻憨態可掬的熊，它被鐵鏈拴在一根木樁上。這件器物運用了典型的"白地黑花"裝飾方法，即在白度不高且比較粗糙的胎體上先塗上一層白色的化妝土，然後在這層化妝土上以赤鐵礦繪畫圖案。把較細的陶土或瓷土用水調和成泥漿塗在陶胎或瓷胎上，器物表面留有的一層色漿就是化妝土，可以起到美化和裝飾的作用。這種裝飾方法完美地結合了中國繪畫中的寫意畫法和圖案裝飾方法，使花卉、人物、鳥獸、蟲魚、山水風景等自然景物生動地再現在瓷器上，瓷器便有了生活的氣息。

使用猛獸作為瓷枕的紋飾，可以起到鎮邪的作用。宋代磁州窰的許多瓷枕枕面都繪有熊、

圖 1.4.3
白地黑花熊紋瓷枕

圖 1.4.4
磁州窰白地黑花"鎮宅"銘獅紋枕
故宮博物院館藏

虎、獅子等猛獸的圖案。如故宮博物院收藏的一件宋代磁州窯白地黑花"鎮宅"銘獅紋枕，枕面左側的"鎮宅"二字點明了獅紋的寓意。此外，瓷枕還具有清涼解暑的功能。所以，瓷枕成為中國民間喜聞樂見的瓷器造型。

汝窯玉壺春瓶

類別：瓷器

時代：北宋

原屬地：汝窯

現藏地：大英博物館

身世揭秘： 大英博物館館藏的這件玉壺春瓶，是英國著名收藏家阿爾弗雷德・克拉克夫婦的舊藏，為宋代的汝窯燒造。它的瓶口張開著，有細細的頸部、下垂的腹部，呈現出一種變化柔和的弧綫。有關玉壺春瓶名稱的由來，一般的書籍認為是從宋人的詩句"玉壺先春"衍化而來，也有人說是由"玉壺買春"而得名。比較可信的說法是，玉壺春瓶的名稱是由"玉壺春"酒發展而來。唐宋時期，人們多稱酒為"春"，許多酒的名字直到現在還叫某某春，如景陽春、五糧春、劍南春等，"玉壺春"就是一種酒的名字。

圖 1.4.5

汝窯玉壺春瓶

圖 1.4.6
汝窯天青釉葵花洗

可以想見，這種酒在宋代一定是好酒，有很高的
知名度。盛裝這種酒的瓶子，就是這種造型的瓷
器。因為這種酒長期盛行不衰，酒瓶的形狀也為
人們所熟悉，久而久之，人們便把這種造型的瓶
子叫作"玉壺春瓶"了。

汝窯的存在只有二十幾年光景，成品數量極
為稀少。截至目前，全世界傳世的汝窯瓷器加起
來也不過六十多件，非常珍貴。"物以稀為貴"，
汝窯的身價也就不菲。

2012 年 4 月香港蘇富比拍賣行舉辦的"天
青寶色日本珍藏北宋汝瓷"專場上，一位收藏家
用二億七百八十六萬港元拍到了一件北宋汝窯的
天青釉葵花洗。這件汝瓷也是英國收藏家克拉克
夫婦的舊藏，後來轉讓給了一個日本收藏家。大
英博物館收藏有包括玉壺春瓶在內的五件汝窯瓷
器，其珍貴的程度是難以估量的。

青花雲龍紋象耳瓶

類別：瓷器

時代：元代至正十一年

原屬地：北京智化寺

現藏地：大英博物館

身世揭秘：該對瓷瓶高六十三點六厘米，器形挺拔俊秀，有盤子形狀的口，雙耳為象鼻造型，腹部飾有捲雲四爪龍紋，故稱青花雲龍紋象耳瓶。瓷瓶的裝飾佈局繁複，除耳外，共有八層紋飾。這對青花瓷瓶幾乎囊括了元代青花瓷繪畫除人物外的全部元素，如龍紋、海水、蕉葉、扁菊、雲紋、纏枝蓮紋和雜寶等。花瓶使用的青花色料為蘇泥勃青（又稱蘇麻離青，是一種從波斯進口的青花色料）。根據瓶頸蕉葉紋飾中間的六十二字銘文，我們可以知道，這對器物的製造年代是元代至正十一年（1351 年），用途是宗教信徒奉獻給該地的民間神靈——胡淨的供物。

這對瓷瓶原先供奉於北京的智化寺，1929 年以後流落國外，後被大維德爵士買去，並長期存放於大維德基金會，所以這對瓷瓶又被稱為大維德花瓶。2007 年底，大維德基金會由於無法維

圖 1.4.7
青花雲龍紋象耳瓶

圖 1.4.8
蕉葉紋飾上的文
字標識

持，便將藏瓷長期借與大英博物館，大英博物館成為瓷瓶實際上的主人。這對青花瓷瓶具有重大的學術價值，國內外對於元代青花瓷的研究，就是從這對瓶子開始的，它們使元青花受到全世界中國古代陶瓷學研究者的重視和公認。這種類型的青花瓷被中國陶瓷界定名為"至正型"元青花，而這對青花雲龍紋象耳瓶就成了判斷至正型元青花年代的標準器物。

大明通行寶鈔（壹貫）

類別：紙幣

時代：明代洪武八年

原屬地：明代寶鈔提舉司

現藏地：大英博物館

圖 1.4.9
大明通行寶鈔（壹貫）

身世揭秘： 這張高三十多厘米、寬二十多厘米的紙幣，是目前世界上面積最大的紙幣。紙幣的上方從右至左寫著"大明通行寶鈔"六個字。這行字的下方寫著的"壹貫"是指紙幣的面額，大字的下面畫著十串一千文的圖案。紙幣的邊緣用龍的圖案裝飾，表示紙幣是由政府發行的。在紙幣的最下端寫有幾列長長的文字："戶部奏准印造大明寶鈔與銅錢通行……"根據明代的史書記載，大明通行寶鈔是明代官方發行的唯一紙幣，在明代流通了二百七十多年。由於寶鈔只發行、不回收，市場上的紙幣泛濫成災，導致了通貨膨脹，人們紛紛改用白銀和銅錢。至十六世紀上半葉，寶鈔實際上已經廢止。此後，明代基本上沒有再發行紙幣。直到明代末年，崇禎皇帝在大臣的建議下試圖恢復寶鈔的發行，並趕造了許多寶鈔。然而，那時的明王朝已經搖搖欲墜，大明通行寶鈔最終和王朝的基業一起進入了歷史的長河。

圖 1.4.10
大明通行寶鈔銅版（壹貫）

剔紅滕王閣漆雕盤

類別：漆器
時代：明代弘治二年
原屬地：甘肅平涼
現藏地：大英博物館

身世揭秘：這件有"弘治二年"（1489年）款的盤子，描繪了675年一場在滕王閣（坐落在今天的江西省南昌市）舉辦的聚會。著名的唐代詩人王勃正好路過，參加了此次聚會，並寫下了千古絕唱——《滕王閣序》。盤子上，祥雲密佈天空，仙鶴翱翔其間。在盤子的邊緣，神仙島旁水波蕩漾，鹿也來到了畫面前方的聚會上。仙鶴和鹿都是長壽的象徵。房屋的框架和瓦片搭建得錯落有致。盤子的背面雕刻的是《滕王閣序》末尾的一首七言律詩："滕王高閣臨江渚，佩玉鳴鑾罷歌舞。畫棟朝飛南浦雲，珠簾暮捲西山雨。閒雲潭影日悠悠，物換星移幾度秋。閣中帝子今何在？檻外長江空自流。"樓閣的柱子上刻有"弘治二年平涼王銘刁"的款識，表明這件器物來自中國的甘肅省，是平涼漆雕的代表作品。平涼漆雕素以細膩光

圖 1.4.11
滕王閣

亮、圖形刀法精美和漆膜優良而著稱，是漆雕收藏者的首選。漆雕，又稱剔紅，先用木料或金屬做成一定的器物形狀，然後在器物的表面層層刷塗紅漆，使外層的漆達到相當的厚度之後，描上畫稿，最後在漆上雕刻花紋。大英博物館的這件漆雕盤，製作過程和工藝更為複雜，合理搭配了紅、綠、黃、黑四種漆色，是中國漆雕高超技藝和手法的最好展示。

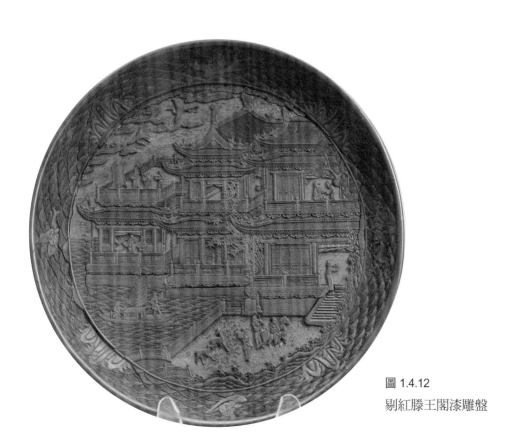

圖 1.4.12
剔紅滕王閣漆雕盤

第 2 章

吉美博物館裏的中國陶瓷

吉美博物館裏最耀眼的瓷器，莫過於乾隆時期官窯燒造的粉彩霽藍描金花卉大瓶了。它色彩豐富雅致，圖案華貴嬌艷、流光溢彩，盡顯皇家氣韻。

國寶傳奇

1399 年，鎮守北平（今北京）的燕王朱棣發動了爭奪皇權的戰爭，史書上稱作"靖難之役"。他打著"清君側"的旗號向南京進發，經過三年，終於攻入了南京，趕走了建文帝，成為明代歷史上的第三位皇帝——明成祖（永樂皇帝）。即位之後，朱棣封真武大帝為武當山的主神，大規模修建武當山的道教建築，同時也在全國各地大修真武大帝的宮觀。於是，民間掀起了對真武大帝的崇拜浪潮，與之相關的器物也越來越多，那些器物有許多流傳至今，具有很高的歷史價值。

吉美博物館收藏的真武大帝瓷像，使用了茄（紫）、綠、黃三種色彩，瓷體非常潔淨、細膩，是由明代景德鎮的官窯燒造的。這尊真武大帝瓷像，有天圓地方形的臉，很長的耳廓，上唇八字短鬍，裏面穿著高領的圓衫，紮著方巾，外面穿著一件綠色的龍袍，披髮端坐，神態莊重含蓄。一種似曾相識的感覺把觀眾們的眼球一下子吸引住了。這尊真武大帝瓷像，與故宮博物院收藏的朱棣畫像是那麼神似！

圖 2.1.1
朱棣畫像

圖 2.1.2

官窯三彩真武大帝瓷像

吉美博物館館藏

　　明代的真武大帝像為什麼酷似朱棣呢？這是困擾著觀眾們的一個謎題。

　　朱棣本是明代鎮守北方的燕王，他想要奪取姪子建文帝的皇位，又擔心名不正言不順，民眾和將士們不能接受，於是就想到了利用北方的神靈——真武大帝的名號來發動戰爭。起兵誓師之日，風雲驟起，朱棣借機披髮仗劍，扮作真武附體的樣子，告諭燕軍將士作為正義之師，奮勇向前。以後的戰爭中，燕軍總是高舉"真武"旗幟，在兵力懸殊的情況下力克南軍。"靖難"成功之後，真武大帝被朱棣尊奉為"北極真武玄天上帝"，每年三月初三和九月初九都要祭祀。

傳說朱棣在成為永樂皇帝後，要在武當山為真武大帝塑像，可工匠們誰也沒有見過真武大帝是什麼樣，塑造一尊，就被皇帝否定一次。最後，工匠們靈機一動，就按照永樂皇帝的容貌塑造了真武神像，終於得到了認可。正因明代的藝術作品中，真武大帝常常被塑造成永樂皇帝的形象，從前真武大帝身長百尺、金鎖甲冑、按劍而立、眼如電光的威嚴形象就慢慢被改變了。

圖 2.1.3
真武大帝銅像

吉美博物館館藏的這件使用茄（紫）、綠、黃三種色彩的瓷器，叫作“素三彩”。明代成化年間（1465—1487年），首先在景德鎮的官窯中燒造成功。這種瓷器的做法很有講究：在素胎上填充綠、黃、茄（紫）三色的釉料之後，放入窯中燒造。“素胎”是指瓷器在填充釉料之前預先燒製的胎體，這樣的胎體可以增加瓷體的機械強度，搬運時就不容易損壞。此外，瓷器在填充釉料時，也不會因浸濕而導致開裂。素三彩瓷器是西方人的最愛。在他們的眼中，一件精美的素三彩瓷器，應該值一萬兩黃金的價碼，甚至更高。大概正是由於西方人的欣賞眼光，這件素三彩瓷像才會被擺放在吉美博物館的展櫃中吧。

　　除了真武大帝瓷像之外，吉美博物館裏還珍藏著許多中國瓷器。這些中國瓷器會為我們講述什麼樣的故事呢？現在，我們走進吉美博物館去探尋究竟吧！

博物館探秘

　　吉美博物館的全稱是吉美國立亞洲藝術博物館，由法國里昂市的工業巨子愛米爾・吉美創辦。吉美先生曾經多次到過埃及、希臘，還在 1876 年遊覽過日本、中國和印度等許多亞洲國家。在漫長的旅途中，他收集到了埃及、古羅馬、希臘和一些亞洲國家的大量宗教藝術作品。為了展示這些藝術品，吉美先生就建立了這座博物館。1889 年，該館正式向民眾開放。1927 年，吉美博物館被法國政府收歸國有，成了名副其實的國立藝術博物館。

圖 2.2.1
愛米爾・吉美先生

　　1993 年，吉美博物館通過了由建築設計師亨利、布律諾・戈丹和博物館專家小組共同負責的改建計劃提案。三年之後，博物館改造計劃啟動，到全部竣工，中間經歷了五個年頭。改建後的吉美博物館擁有五層地上展廳，展覽面積增加到六千多平方米，成為歐洲人研究和認知亞洲文明的中心機構。

　　現在的吉美博物館專門展示亞洲的藝術品，是西方擁有最多的亞洲藝術藏品的地方。吉美博物館裏這麼豐富的亞洲藝術品是怎樣獲得的呢？

1927 年吉美博物館在歸屬法國博物館總部時，曾接收過一大批藝術品，這些藝術品是由保羅·伯希和與愛德華·沙畹等人在中亞和中國進行探險考察時獲得的；從 1927 年開始，博物館又先後收到了印度支那博物館的許多原件真品；二十世紀二三十年代，吉美博物館先後入藏了法國考古工作隊在阿富汗進行發掘時出土的文物。1945 年法國政府對國有博物館收藏進行重新組合的時候，羅浮宮博物館向吉美博物館轉交了它們館內所有的亞洲藝術品，作為吉美博物館向羅浮宮轉讓部分埃及文物的交換。現在，吉美博物館館藏的亞洲文物達到五萬餘件，其中僅中國藏品就有兩萬多件。

圖 2.2.2
吉美博物館內景

這裏的中國展廳

　　吉美博物館裏的中國展廳分"遠古中國""古典中國"和"佛教中國"三個部分，尼泊爾則和中國的西藏單獨組成了"喜馬拉雅山文化"展區。除了陶瓷之外，吉美博物館展出的中國文物還有青銅器、繪畫、木雕、三角幡頭、紡織飾品殘片和明清家具等多種類別。

　　透過包括三彩真武大帝瓷像在內的中國陶瓷，觀眾們看到了中國各個時期主要的窯場以及重大的陶瓷技術革新，中華悠久燦爛的文化也在陶瓷上得到了體現。這就是吉美博物館館藏中國陶瓷的魅力所在。

圖 2.2.3
吉美博物館外景

琳琅滿目

女騎士的風采——唐代仕女馬球俑

它是這個樣子的

說到中國古代的宮廷女子，人們想到的可能都是嬌小婀娜、弱不禁風的形象。但是唐代的女子卻是特例。我們在吉美博物館的中國展廳中，找到了一組陶俑，展示了唐代女子矯健的身姿。這組唐代仕女馬球俑，個個身著特殊的服裝，坐在奔馳的馬背上，神情專注地開展著一項叫作

圖 2.3.1
仕女馬球俑
吉美博物館館藏

"馬球"的運動。馬球，又稱"擊鞠""擊球"，是一種人騎在馬上，手持長柄球槌擊打木球的運動。東漢末的文學家曹植寫過一首詩，名叫《名都篇》，對馬球運動進行了描寫："連翩擊鞠壤，巧捷惟萬端。"這兩句詩說明早在東漢末年，馬球就已經作為一項運動在中國盛行了。後來馬球在中國一度失傳，唐代時通過波斯（今伊朗）再次傳入了中國，因此又被稱為"波斯球"。

圖 2.3.2
馬俑

這組仕女俑一眼看去，給人一種天馬行空、豪邁奔放的感覺，女騎士們縱馬馳騁的颯爽英姿撲面而來。

其中的一件陶俑最是精彩，刻畫的是一名女子雙腿猛地夾緊駿馬，左手控制韁繩，右手騰出準備擊球的景象，顯示出巾幗不讓鬚眉的英姿。馬上的女子，頭髮紮成兩個分開的環髻，身穿一件綠色束腰的長衫，紅色緊身褲，黑色皮靴，騎在一匹疾奔的、身形健壯的馬上，她的腰間盤繞著作為隊標的綠色帶子。這件精美絕倫的彩塑讓人們對中國唐代仕女和仕女坐騎的馬鞍有了更直觀的印象。馬和人的視綫被馬球緊緊吸引住，馬的兩綹額毛因為奔馳的速度快而被吹向兩邊，這位矯健的仕女正準備用標準的姿勢以球棍擊打。

陶俑的製作者不但把仕女的衣著和面部表情

圖 2.3.3
陶俑

刻畫得淋漓盡致，就連仕女坐騎的配飾，如華美的馬鞍、馬籠頭、馬胸帶，以及馬尾部扇形的垂飾都無一遺漏，生動地表現了唐代馬球娛樂運動的考究和奢華。

馬尾上的秘密

　　細心的你可能已經注意到這些唐代仕女的坐騎，都沒有長長的馬尾毛，好像全被剪掉了一樣，這是為什麼呢？原來打馬球的球棍長達數尺，球棍端頭彎曲，在打球的過程中，一不小心球棍就會與長長的馬尾糾纏在一起。為了安全起見，人們想出了一個辦法，就是把馬尾毛剪掉一部分，剩下的粗短部分再紮成辮子或束成結。

　　唐代的馬球運動主要是在軍隊和宮廷中傳播。唐代的帝王有不少都是馬球運動的倡導者與參與者，唐玄宗李隆基就酷愛馬球運動。唐代的將領一般都具備馬上運動或騎射的本領。在宮廷中，馬球更是深受貴婦們喜愛的運動。所以，我們能夠在唐代的陶俑上看到宮廷女子打馬球的場面。女子打馬球的形象已經成為中國文化的一種標誌，在世界上流傳開來。2012 年，中國奧委會向倫敦奧組委贈送了一組群塑，群塑的原型就是唐明皇和楊貴妃打馬球的場景，作為倫敦奧林匹克公園的一景，供人們觀賞。

圖 2.3.4
唐章懷太子墓出土的《馬球圖》壁畫（局部）
陝西歷史博物館館藏

它是這個樣子的

　　吉美博物館收藏的這件筆架，是明代宣德年間燒造的。筆架高八點四厘米，長十五點五厘米，刻畫的是一位長者端坐在槎（木筏子）上，他身著長袍，長鬚飄飄，一手執卷，面帶微笑，神態安詳，悠然自得。木筏之下波浪翻滾，海中巨石矗立。這位長者是誰？他就是奉漢武帝之命出使西域的張騫。

圖 2.3.5
筆架正面

圖 2.3.6
筆架背面

神祕的傳說

筆架取材於"張騫乘槎"的故事,寓意"一帆風順""平步青雲"。這個故事是一段雅俗共賞、耐人尋味的古代傳說。最早的來源是關於"仙人乘槎"的記載。晉代張華的《博物志》上說,天上的銀河與大海是相通的,每年八月都有槎往來其間,曾經有人好奇,乘槎而去,發現了一處世外桃源。織女與牛郎住在這裏,悠閒自在,怡然自得,一派田園景象。後來,有人把這個美麗傳說中的主人公附會到了張騫身上,說張騫出使西域時,曾使用了槎。"仙人"變成"張騫"的時間,大概在南北朝時期的南朝梁。當時的文人宗懍在《荊楚歲時記》一書中完整地寫道:傳說漢代張騫出使西域的大夏國時,為了尋找黃河的源頭,乘槎來到了一座城市,看見一個女子在室內織布,又看見一個男子牽著牛在河邊飲水。張騫離開時,織女送給他一塊支機石(相傳是織女用來

圖 2.3.7
張騫出使西域

支撐織布機的石頭）。張騫回到長安後拿給東方朔看，東方朔一眼便認出了石頭的用途。

這才是真相

這件明代藝術品所暗示的乘槎人，其實不是張騫，而是先後奉明成祖朱棣與明宣宗朱瞻基命令七下西洋的航海家——鄭和。明代景德鎮燒造的青花瓷中，有許多張騫乘槎的圖案，都是在暗喻鄭和。為什麼不叫作"鄭和乘槎"，而稱作"張騫乘槎"呢？估計因為鄭和是太監，不是平常老百姓的緣故吧。有的人還拿出了其他的佐證，如明代的青花瓷器上多有海馬紋的圖案，也是暗指鄭和（鄭和本姓馬）。馬有翅膀，有"馬生雙翼"的意思，而"海"則代表了"奉聖命出洋"。

細細地品味筆架的美術工藝，它的著色很有特點。仔細觀察之後，我們可以看到，在翻滾的波浪上，有濃淡不一的筆觸痕跡，這是宣德青花瓷器的一個重要特徵。工人在著色的時候，使用了一種短而纖細的毛筆，這樣描繪的每一筆所蘸的顏料都很少。在經過不斷地蘸顏料描繪之後，著色這道工序才能最終完成。

明代宣德青花瓷以它古樸典雅的造型、晶瑩艷麗的釉色和多姿多彩的紋飾享譽海內外，被國

圖 2.3.8
鄭和畫像

內外的鑒賞家競相收藏。早在明代宣德年間，就已經遠銷海外。儘管吉美博物館有很多件宣德時期的青花瓷器，但多數是比較高大的碗、罐、瓶等，而像筆架這樣小巧玲瓏，又有著豐富歷史文化內涵的小件器物極為罕見。正因為罕見，它也就更加珍貴了。

圖 2.3.9
崇禎時期張騫乘槎青花罐

圖 2.3.10
宣德時期青花釉裏紅海馬紋高足杯

富麗堂皇的天子氣象
——乾隆粉彩霽藍描金花卉大瓶

　　吉美博物館裏最耀眼的中國瓷器，莫過於乾隆時期官窯燒造的粉彩霽藍描金花卉大瓶了。

它是這個樣子的

　　大瓶高六十四點七厘米，造型規整端莊，充分體現出乾隆時期燒造大件器物的高超技藝。瓶子的色彩豐富雅致，圖案華貴嬌艷、流光溢彩，盡顯皇家氣韻。大瓶腹部呈現六瓣瓜棱的形狀，每瓣瓜棱的框格內都繪有不同的花卉，包括芙蓉、梅花、菊花、紅白石榴、荷花和牡丹，再現了十八世紀中國宮廷花卉的寫實風格，並寓意著一年四季富貴連連、長壽多子，也寄託著不畏嚴寒的高風亮節。大瓶頸和圈足的部位，描繪的是蝙蝠和纏枝蓮，表達出吉慶連連的美好祝願。頸部以及圈足部位採用的是霽藍描金技法，承襲了明代瓷器的主流風格。

　　霽藍釉是明代創造出的一種高溫石灰鹼釉，是在生坯上填充釉料，經過一千二百八十至一千三百攝氏度高溫一次燒成。燒成以後的霽藍釉具有色澤深沉、釉面藍如深海、不流不裂、色

圖 2.3.11
乾隆粉彩霽藍描金花卉大瓶
吉美博物館館藏

圖 2.3.12
大瓶花卉之一——荷花

圖 2.3.13
大瓶花卉之二——芙蓉

調濃淡均勻和呈色穩定等特點。纏枝和蓮紋相間的吉祥圖案、蝙蝠以及如意雲紋等描金紋飾，借鑒了西洋美術和琺瑯器中的軋道工藝，屬清代的裝飾風格。

雍正和乾隆時期的瓷器多描繪有花卉，這源於皇帝的喜好。尤其是乾隆皇帝，更加鍾情於厚實釉質的彩繪色料，經常給督造瓷器的官員下旨選取花卉圖樣，並把兩種以上不同主題的花卉繪製在同一件瓷器上。

它的回歸

這隻大瓶原為一對，是圓明園的藏品，1860年"火燒圓明園"後同時流失，其中一件由法國收藏家格朗迪德帶回法國。1894年，他將所藏的瓷器捐贈給了羅浮宮，其中就包括了大瓶在內的數件圓明園瓷器。1945年大瓶轉入吉美博物館收藏。而另一件在輾轉流傳之後，被美國芝加哥著

圖 2.3.14
大瓶頸部

圖 2.3.15
霽藍地描金粉彩詩句花卉紋大瓶
故宮博物院館藏

名收藏家比爾·利特爾收藏。2007年，北京翰海拍賣公司把它徵集歸國，進行了拍賣，著名的收藏家馬未都先生最終以二千四百零八萬元的價格購得此瓶。大瓶能夠回到祖國的懷抱，實為中國文物界的一件幸事。

這幾個花樣，朕都要了。

乾隆時期類似尺寸的官窯大瓶目前僅存四件。除了這對之外，另外兩件是藏於故宮博物院的"霽藍地描金粉彩詩句花卉紋大瓶"和台北"故宮博物院"的"乾隆粉彩霽藍描金花卉詩句八方瓶"。故宮博物院所藏的那件花卉大瓶為三組詩文與三組花卉，間隔裝飾在六瓣瓜棱形的瓶身上。

吉美博物館和馬未都所藏的這對圓明園花卉大瓶在霽藍描金技法和花卉彩繪的處理上，遠遠勝過了故宮博物院和台北"故宮博物院"的那兩件粉彩大瓶。所以，它們的藝術價值是不言而喻的。

國 寶 檔 案

身世揭秘：注壺的用途為澆水或者倒酒。這把注壺壺口外撇，口部刻有弦紋多道；壺的腹部呈橢圓形，為蓮瓣紋的刻花裝飾；壺嘴為兩隻並排的鳳嘴；把手為並行彎曲的三段，有三道匝緊的圓圈；壺的底部外撇。注壺通體填充青白色的釉料，造型端莊秀麗，頸部弦紋工整，腹部花朵鮮活、綫條剛勁有力，圖案清晰並有韻律的美感，是北宋中期以後景德鎮湖田窯的代表作。這種青白釉，青中帶白、白中閃青，加之瓷壁極薄，刻畫的花紋在光照之下可以映見，故被稱為影青瓷。由於釉色青白淡雅，釉面明澈麗潔，胎質堅致膩白，色澤溫潤如玉，又有假玉器的美

中國製造，每一道工序都不馬虎。

稱。湖田窯的刻花工具很是特別，它是一種扁平
斜口面的竹筆，筆端被削成了寬一至二厘米階梯
狀排列的一根根細竹絲，形狀類似於現在的排
筆。燒造影青瓷需要高超的技術——先由陶瓷藝
人在坯體上刻製圖案，塗上透明的青釉之後，再
用高溫燒造而成。瓷器透光度的好壞，完全取決
於窯工能否嫻熟地掌控不能完全燃燒的還原焰。
正因為燒造工藝複雜，所以傳世影青瓷極為稀少。

圖 2.4.1
青白釉雙鳳嘴注壺

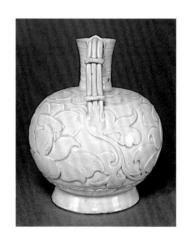

圖 2.4.2
壺把

鈞窯天青紫釉葵花式三足盆

類別：瓷器

時代：宋代

現藏地：吉美博物館

身世揭秘：這件宋代鈞窯燒造的盆，口為平折沿，呈六瓣葵花狀，盆腹較淺，底部附著三個如意形狀的小足。器物通體塗有天青色的釉料，深紫色自然而又均勻地暈散在器物的各個地方，光潤細膩，有玻璃的質感，顯得十分厚重。在黃昏的光照之下，紫色和青色有如霧一般的感覺，變化莫測，亦真亦幻，詩意盎然，因此古人寫有"夕陽紫翠忽成嵐"的詩句，來稱讚這種天青紫釉色的鈞窯瓷器。

圖 2.4.3

鈞窯天青紫釉

葵花式三足盆

器物上的紫色，是釉料內含有的氧化銅成分在不完全燃燒的還原火焰下形成的色彩。鈞窯釉色的燒製很難把握，有的鈞窯瓷器在燒造後釉面下會出現不規則的流綫，像蚯蚓爬行在泥土中，因此被稱為"蚯蚓走泥紋"；有的瓷體會留下氣泡造成的凹痕，被稱為"橘皮"或"棕眼"。由於數量和造型受到宮廷的嚴格控制，加之渾然天成的技術，天青紫釉瓷器十分珍貴，也一直受到收藏家的厚愛。2001年美國一場收藏拍賣專場中，一件宋代鈞窯天藍釉紫斑大碗以一百萬美金成交，創下了當時鈞窯拍賣價格的新高。吉美博物館館藏的這件三足盆，紫色暈散均勻，不留一點兒瑕疵，單就高超的工藝來講，應當是現今流傳最為精美的天青紫釉瓷器。

蚯蚓爬出來的紋理。

圖 2.4.4
蚯蚓走泥紋

圖 2.4.5
橘皮（棕眼）

龍泉窯青瓷印蓮花紋大盤

類別：瓷器

時代：元代

現藏地：吉美博物館

身世揭秘：盤高六厘米，口徑四十七厘米，體現了元代龍泉窯器形高大、胎體厚重等特點。大盤通體施青釉，釉層透明溫潤，釉表具有很強的光澤。盤心和盤的沿壁均有蓮花紋，盤底露出少許胎體，盤底的兩點亮光為支釘（燒造瓷器的工具）痕跡。此盤裝飾手法為印花技術，即用刻有裝飾紋樣的印模，在尚未乾透的瓷胎上印出花紋，或者用刻有紋樣的模子製坯，使胎上留下花紋。由於龍泉青瓷存世量較大，所以在拍賣市場上整體價格低廉，但精美的龍泉窯瓷器還是能拍出高價。如 2006 年 8 月倫敦蘇富比秋拍，一件高二十三點四厘米的南宋龍泉窯青釉棒槌瓶拍到一百一十八點四萬英鎊；2008 年 3 月紐約佳士得再以二百二十八點一萬美元拍出一件高二十八點八厘米的南宋龍泉窯青瓷雙耳瓶。

吉美博物館所藏的這件元代龍泉窯瓷器，很可能是中國的外銷瓷器。據有關文獻記載，元代

漂洋過海來看你。

龍泉窯瓷器通過海路外銷的國家多達幾十個，遍及亞歐非三大洲。龍泉窯瓷器外銷的數量非常巨大，1975 年，考古工作者在韓國西南部的新安海底發現的一艘元代沉船裏，打撈出一萬多件瓷器，其中龍泉青瓷就佔了九千多件，可以想見龍泉窯瓷器在元代對外貿易中的重要地位。法國獲取龍泉窯瓷器，應該不是難事。

圖 2.4.6
龍泉窯青瓷印蓮花紋大盤

圖 2.4.7
盤底

青花劉海戲金蟾圖花觚

類別：瓷器

時代：清代康熙年間

現藏地：吉美博物館

身世揭秘：觚身高四十三點七厘米，有很長的頸部和鼓起的腹部。觚口直徑二十一厘米，呈喇叭口形狀。器物的內部和外部都是白釉，在頸部和腹部繪製有四幅青花圖案：頸部是兩幅對稱的長方形圖案，腹部是兩幅對稱的橢圓形圖案。

四幅圖案表現的是同一個場景：一個男子赤腳站立，手垂長綫，綫穿錢而過，落入金蟾口中。男子寬額豐頰，開懷暢笑，人物重心前傾，洋溢著愉悅的喜感，男子的神采和金蟾的木訥都被刻畫得淋漓盡致。

畫中的男子就是中國民間家喻戶曉的人物——劉海，場景描繪的是民間傳說"劉海戲金蟾"的故事。相傳，金蟾是一隻三足的蛤蟆，象徵著滾滾不斷的財源和幸福美好的生活，是旺財之物。因此，劉海戲金蟾圖案常常被瓷器的製作者繪製在瓶、罐和觚之類的日常用具上，用來表達幸福美好、財源廣進的意願。吉美博物館收藏的這件花觚便是中國瓷器中使用這一元素的典範。

圖 2.4.8

花觚頸部圖案

圖 2.4.9

花觚腹部圖案

松鹿尊

類別：瓷器

時代：清代乾隆年間

現藏地：吉美博物館

身世揭秘：這件尊的腹部和一對龍形耳相連。腹部畫有許多隻梅花鹿在山上的松樹下玩耍嬉戲。山林與石頭的層次畫得很清晰，群鹿的描繪也是毫髮入微，動靜結合，生動傳神。"松鹿"有吉祥富貴的寓意："鹿"與"祿"諧音。祿，就是俸給和俸祿，寓意高官厚祿。"祿"的本義是"福"，所以"鹿"又有"福"的寓意。尊上的梅花鹿還可能和古代科舉有關。

根據記載，在魯迅的故鄉浙江紹興，清代每次鄉試發榜時，官府都把錄取名單寫成"梅花榜"的形式——每一榜五十名，第一名提高並大寫，第二名排在右下方，其餘的人名按照順時針的方向寫下去。寫到第五十名時，剛好排在第一名的左下方，這就構成了一幅由人名組成的圓形梅花圖案。"松"也有象徵意義："松"和"柏"都是古樹，"樹"和"書"諧音，說明松樹包含"古書"的寓意。"松鹿"語意雙關，頗具象徵意義：

圖 2.4.10
松鹿尊

圖 2.4.11
松鹿圖

倘若真誠地拜伏在古樹下，就有希望登上"梅花榜"，獲取高官厚祿了。"松鹿"圖案既是美好的圖畫，也是一種無字的勸勉，意蘊都在畫面之外。把"鹿"和"松""柏"畫在一起，是清代非常流行的圖案。在古代讀書人家裏的墙壁上或者案几上，擺放這樣的器物，有含蓄的祝福意味。

粉彩百花紋罐

類別：瓷器

時代：清代乾隆年間

現藏地：吉美博物館

身世揭秘：這件乾隆時期燒造的粉彩罐高四十八厘米，腹徑三十六厘米，底徑二十五點八厘米。瓷體緻密，瑩潤光澤。

粉彩罐外部裝飾有牡丹、菊花、茶花、月季花、荷花、百合花、牽牛花等多種花卉，花枝優美，生機盎然，充滿著生命的活力，令人愛不釋手。花紋構圖嚴謹，花紋之間有虛實和疏密的對比，猶如萬花堆聚，五彩繽紛。繁縟的百花紋飾，又有"萬花紋""萬花堆"和"滿花紋"等名稱，寓意"百花呈瑞"。"百花呈瑞"還暗含碩果纍纍、未來美好和繁榮昌盛的寓意。由於百花繪製得很繁密，見不到瓷器的底色，所以被稱作"百花不露地"。

這種工藝，對匠人的繪畫水平有著極高的要求。當然，百花紋也有特例，南京博物院藏有的一件乾隆時期的百花紋碗就露出了底色——黃色。

圖 2.4.12
粉彩百花紋罐

圖 2.4.13
黃地粉彩百花紋碗
南京博物院館藏

　　百花紋樣始見於清代乾隆時期的粉彩瓷器，
嘉慶以後繼續流行。它既是乾隆時期綺麗和奢靡
風尚的反映，也是這一時期國力強盛、百姓安居
樂業的寫照。

第 **3** 章

大都會藝術博物館裏的中國技藝

這套西周時期的青銅器共十四件，都是酒器，有飲酒器、調酒器、溫酒器……可見中國的酒文化源遠流長。

國寶傳奇

　　1755 年，準噶爾和回部的叛亂被清政府徹底平定。為了慶祝這場勝利，乾隆皇帝把參與平亂的一百位功臣按照功勞大小依次畫像，存放在紫禁城中的紫光閣（今天的中南海）裏。此後，乾隆皇帝又把取得"平定大小金川""平定台灣"和"平定廓爾喀"等戰績的功臣也一一畫了像。加上平定準噶爾和回部叛亂的一百位功臣，紫光閣共存放了二百八十位功臣的畫像，記錄著乾隆皇帝——這位"十全老人"的赫赫功績。

　　1900 年，八國聯軍進入紫禁城，功臣畫像從此下落不明。直到香港蘇富比 2007 年秋圓明園拍賣專場，從德國"倒流"回國內的一幅畫像——《平定西域紫光閣五十功臣像——頭等侍衛固勇巴圖魯伊薩穆》，以一千五百萬港幣成交，才使人們的注意力又回到了這些重現的功臣畫像上。這幅畫作在國外漂流了一百多年，依然完好無損，實在是彌足珍貴。

　　紫光閣功臣畫像有三種：橫幅、油畫和立軸。橫幅可能是稿本，目前發現的都是連續的手卷，在拍賣市場上經常看到，由於缺少相關資

圖 3.1.1
頭等侍衛固勇巴圖魯伊薩穆畫像

料，具體數目無法統計。油畫本，德國收藏最多。立軸本很少，截至目前僅見到不足三十幅，其分佈情況是：加拿大多倫多皇家安大略博物館收藏二幅，德國柏林亞洲藝術博物館收藏三幅，德國漢堡民族學博物館收藏二幅，德國科隆東亞藝術博物館收藏一幅，美國紐約大都會藝術博物館收藏一幅，捷克茲布拉斯拉夫城堡收藏一幅，中國天津博物館收藏二幅，美國私人收藏三幅，中國香港私人收藏二幅，等等。

天津博物館收藏的兩幅功臣畫像，一幅是領隊大臣成都副都統奉恩將軍舒景安畫像，第二次平定金川的第二位的功臣；另一幅是散秩大臣喀喇巴圖魯阿玉錫畫像，第一次平定西域的三十二號功臣。

在私人收藏的功臣畫像中，以美國黃女士手中的大學士一等忠勇公傅恒畫像最為傳神。

在美國大都會藝術博物館，我們有幸見到了館藏的立軸功臣畫像。這幅畫像畫的是頭等侍衛呼爾查巴圖魯占音保，第二次平定西域的第四十六位功臣。畫上的占音保很瘦，但腰身很長，身穿大領子的藍布袍，腰左挎戰刀，左臂持弓，背挎箭筒，腳蹬靴，頭戴有翎子的官帽，衣著極為簡單樸素。不著鎧甲，卻更加顯示出勇士

a

b

c

d

圖 3.1.2

功臣畫像：

a. 領隊大臣成都副都統奉
   恩將軍舒景安畫像

b. 散秩大臣喀喇巴圖魯阿
   玉錫畫像

c. 大學士一等忠勇公傅恒
   畫像

d. 頭等侍衛呼爾查巴圖魯
   占音保畫像

的威風。最具神采的是勇士的面部，瘦長的臉上不乏起伏和皺紋，雙脣緊閉，肌肉緊繃，一副嚴肅的神情，這是久經戰陣而歷練出來的審慎、沉穩和自信。畫作的上部注有乾隆皇帝題寫的滿文和漢文評語："頭等侍衛呼爾查巴圖魯占音保，赤手長鯨，陣俘衛諾，賊級纍纍，注之一槊，捧檄闔展，達巴里坤，馬不刷鬣，還報軍門。"評語用簡短的話對勇士的赫赫戰績做出了評價。勇士的肖像一旦懸掛於朝堂之上，其美譽就可以永世長存。和這幅畫像一樣，功臣畫像是中國繪畫風骨和西洋畫技相結合的完美體現，是中西合璧的產物，在中國繪畫的發展史上具有里程碑式的意義。

　　大都會藝術博物館裏的每一件展品都是藝術珍品，尤其是來自中國的藝術作品。讓我們一起去探尋其中的藝術價值吧！

博 物 館 探 秘

博物館的創建

　　大都會藝術博物館的創建，源於美國律師約翰·傑依的建議。1866 年 7 月 4 日，傑依和幾位美國人在巴黎的一家餐館裏聚會，歡度國慶。當

圖 3.2.1
大都會藝術博物館外景

時美國還沒有一座國家博物館，傑依提議創建一個國家級的藝術機構，他的建議立刻得到了各方的積極響應。於是，他們成立了一個籌備小組，花了四年時間進行遊說，募集到了資金，最終實現了設想。1870 年，大都會藝術博物館在紐約第五大道六八一號原多德沃思舞蹈學校舊址上建成，對外開放。1880 年，大都會藝術博物館轉移到了現在的地址——中央公園第五大道。

經過多次擴建之後的博物館大樓，集聚了歐洲各個時期不同的建築風格。1981 年春，由中美合建的阿斯特庭院在大樓的東翼落成，它仿照了中國蘇州古典園林網師園中殿春簃和後院的建築模式，庭院的殿堂——明軒陳列著中國明代的家具。從此，大都會藝術博物館有了中國建築的元素。

圖 3.2.2
明軒

這裏是藝術瑰寶的浩瀚海洋

2012 年，大都會藝術博物館決定重新翻修廣場，改造後的廣場加入了很多科技元素，佈局更加人性化。

現在的大都會藝術博物館有三層，總面積達十三萬平方米，分為十七個陳列室和展室：服裝、希臘羅馬藝術、埃及藝術、武器盔甲、歐洲雕塑及裝飾藝術、美國藝術、R. 萊曼收藏品、古代近東藝術、中世紀藝術、亞洲藝術、伊斯蘭藝術、非洲大洋洲和美洲藝術、版畫和素描、照片、現代和當代藝術、歐洲繪畫和樂器。來自世界各地的三百多萬件藝術珍品，把這裏變成了藝術瑰寶的浩瀚海洋。如此多的藏品，來源於大都會藝術博物館幾個專業部門的辛勤勞動，他們為徵集、保管和展覽藏品做出了重要的貢獻。許多部門因為藏品太多，展廳有限，只能採取輪流展出的方式。博物館收藏的許多文物都來自捐贈，因此許多展廳或展室都以捐贈者的名字命名，用來紀念他們。

圖 3.2.3
大都會藝術博物館雕塑展廳

琳 琅 滿 目

喝酒也可以很複雜——銅禁器群

令人頭暈的分類

這套西周時期的青銅器共十四件，由銅禁和十三件酒器組成，其中卣二件，尊一件，觶四件，斝、盉、觚、爵、角、勺各一件。它們都出自陝西省寶雞市。

這些青銅器都和中國古代的酒文化有關，都

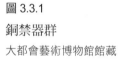

圖 3.3.1
銅禁器群
大都會藝術博物館館藏

是酒器。中間的長方形台座叫作銅禁，前後各有八個長方形孔，兩端各有四個長方形孔。這些孔的間隔處與邊框之間裝飾有瘦長的龍紋，呈尖角形。禁的檯面十分平整，有三孔，可以置放二卣一尊。禁上兩件帶提手的青銅器就是卣，兩件形狀非常相近，通體兩側均有較寬的棱，蓋的兩側為鸞角狀，腹部裝飾有鳳紋和直條紋。有底座的卣高四十七厘米，沒有底座的卣高四十六點四厘米。居中的是尊，高三十四點八厘米，侈口，直腹，圈足，四面也有棱角，器物通體裝飾著獸面紋。尊的左右，是兩件小瓶形狀的觶。禁左邊的那件有把手和長嘴的青銅器，名叫盉。盉左邊的青銅器叫作角，右邊還是觶。與角相似的三足青銅器是爵，爵的右邊是用來舀酒的銅勺。禁右邊有一件較大的青銅器——斝，斝的旁邊是觶和喇叭口狀的觚。卣、尊屬盛酒器，觶、爵、角、觚是飲酒器，盉是調酒器，而斝是溫酒器。禁前面的那件勺子是在卣中發現的。這麼多的器具都是喝酒用的，古人喝酒的規矩也很多。這些青銅器有一個共同的特徵，就是繁縟的紋飾，吸引著外國的觀眾不斷發出驚嘆。

圖 3.3.2
卣

圖 3.3.3
端方

它是這樣走出國門的

　　這套青銅器出土於陝西省寶雞市。1901 年，寶雞戴家灣的鄉民發掘了一座古墓，出土了二十多件青銅器，這套青銅器就在其中。隨後，時任陝西總督的端方收藏了這套青銅器。他一生嗜好金石書畫，大力收集青銅器、石刻、璽印等文物，並在 1908 年編撰了《陶齋吉金錄》，收錄了自商周至隋唐的青銅禮器、兵器、權量和造像等。這套青銅器被安排在書的最前面，附有長達十幾頁的詳細介紹。盛放酒器的方座被端方首次命名為"柉禁"。遺憾的是，1924 年春，端方的後代迫於生活壓力，以二十萬兩白銀的價格把它們賣給了美國傳教士福開森，福開森又以三十萬美元的價格轉賣給了大都會藝術博物館。"禁"其實就是"禁酒"的意思。歷史上的商代人嗜酒成風，嗜酒也是亡國的原因之一。

　　周武王滅商以後，總結前朝的教訓，堅決禁止酗酒。酒要飲，又不能失度，所以，就把這種盛放酒器的案形器叫作禁，以示警誡。截至目前，出土的禁不超過十件，而且多是單件。

　　禁上盛放的到底是什麼酒器，除了這套銅禁和天津博物館館藏的一件之外，已無從查考。

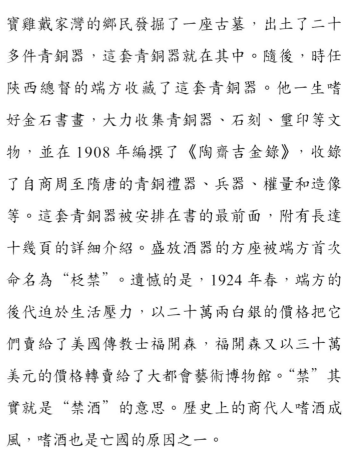

圖 3.3.4
《陶齋吉金錄》

圖 3.3.5
銅禁
天津博物館館藏

圖 3.3.6
石鼓山貴族墓葬
出土的青銅器

又有了新朋友

　　大都會藝術博物館曾經是世界上唯一擁有一
套完整的中國銅禁器群的博物館。2012 年，中國
考古工作者在陝西寶雞石鼓山墓地的一次發掘，
把這個"唯一"打破了。在一座西周早期的貴族
墓中，出土了一組禁酒器：方彝、卣、禁、斗、
罍、壺和爵，自西向東依次排列。這也是繼 1901
年、1928 年以來，第三次出土西周青銅禁。銅禁
的再次出土，改寫了國內無禁器組的歷史。

被迫分離的“夫妻”——皇帝禮佛圖

聚散兩依依

在大都會藝術博物館館藏的中國早期佛教藝術作品中，不能不提到北魏時期的石浮雕《皇帝禮佛圖》。居於中心位置的皇帝是北魏孝文帝，他頭戴冕旒（天子的禮帽和禮帽前後的玉串），身穿袞服，氣宇軒昂。皇室成員，御林軍和手持傘蓋、羽葆、長劍、香盒的近侍宮女簇擁著他，緩緩地走在去往佛寺的路上。作品單薄平淺，沒有圓潤的光影，卻以綫條的藝術成就取勝：人與

圖 3.3.7
《皇帝禮佛圖》
大都會藝術博物館館藏

圖 3.3.8
《皇帝禮佛圖》中的王公大臣形象

人之間、人物個體的曲折起伏都用綫條勾勒，特別是衣紋的處理，舒展流暢且疏密有致，很有漢代畫像“以綫求形”的神韻，表現出中華民族文化與外來佛教藝術的完美融合。從圖中人物的衣冠髮式、傘蓋和羽扇等儀仗看，雖然北魏是少數民族政權，但孝文帝推行漢化的政策已經取得了顯著的成果。所以無論從藝術史的角度，還是從歷史價值來看，《皇帝禮佛圖》都是當之無愧的瑰寶。

看到《皇帝禮佛圖》，就不能不提到它在美國納爾遜藝術博物館的“夫人”——《皇后禮佛圖》，它同樣是瑰寶。圖中刻畫的是孝文帝的文昭皇后蓮冠霞帔，一手拈香，後隨兩個戴蓮冠的貴婦，在眾宮女的前導、簇擁下迎風徐行。

《皇帝禮佛圖》和《皇后禮佛圖》是龍門石窟雕像群的中心和精華。現在它們分散在異域的兩個地方，這是文物販子導演的一場悲劇。

圖 3.3.9
《皇后禮佛圖》（局部）

被偷盜、販賣出國的命運

我們把時光倒回到 1965 年，時任龍門文物保管所副所長的馬玉清邀請了石匠王光喜、王水、王惠成，向他們了解當時文物販子盜鑿“帝后禮佛圖”的情況。他們是被脅迫的當事人，所

圖 3.3.10
《皇帝禮佛圖》被盜鑿後的殘痕

以對當時的情況記憶猶新，並協助工作人員找到了當年盜鑿時留下的殘痕。大概是在1930年到1935年間，當時的保長王夢林等人勾結洛陽古玩商馬龍圖，以欺騙與強制的手段，迫使石匠半夜摸進龍門石窟盜掘文物。為了不驚動附近的居民，盜賊們採用深夜盜鑿的方法，由石匠們用錘子、鑿子把浮雕一塊塊鑿下來，裝進擔子裏，天亮前挑走。一旦發現附近有人經過，把風的人就用暗號通知石工暫停敲打。實際上，北京琉璃廠的古玩商岳彬才是這一事件的幕後黑手。1934年，岳彬結識了美國人普愛倫，簽訂了"帝后禮佛圖"的盜賣合同。馬龍圖只不過是岳彬的幫兇，他將"帝后禮佛圖"運進了岳彬的家中，國寶就此流落海外。

流落在海外的《皇帝禮佛圖》和《皇后禮佛圖》都是不完整的，其真實面積只有原作的七八成。1953年，中國政府在清查青島和上海兩個海關時，意外發現了部分"帝后禮佛圖"的碎片，這都是岳彬當年拼裝時留下的。在青島海關發現的"帝后禮佛圖"碎片，通過故宮博物院轉交回龍門石窟。岳彬盜賣龍門石刻的事情也由此浮出水面，文化界三百多人聯名寫信，要求審判岳彬。1954年4月22日上午，岳彬以倒賣文物罪

皇后　　皇上

被判處死刑，緩期兩年執行，最後病死在獄中。
有人說，岳彬是被判處死刑後飲彈身亡了。不管
怎樣，岳彬得到了應有的懲罰。

命運多舛的禮佛人——遼三彩羅漢像

它是這個樣子的

在大都會藝術博物館展出的陶器中，最吸引
人們眼球的莫過於館藏的遼代三彩羅漢像了。它
高一百零四點八厘米，大小和真人相仿。羅漢呈
跏趺（佛教徒一種盤腿而坐的坐法）坐，右手橫
至胸前，手指帶住前襟，左手持經卷擱在腿上，
身穿袈裟，袒露內衣，衣褶翻轉摺疊自然流暢。
他臉部表情持重，兩眉微蹙，雙目外角下垂，
額、腮部有皺紋，表現了中年僧人睿智深沉的形
象。釉色以黃、綠、藍為主，將膚色和不同的衣
服色彩表現得淋漓盡致，古樸而又沉靜，可以和
唐三彩中的佳作相媲美，以至於有人把它當作了
唐三彩。

圖 3.3.11
羅漢像之一
大都會藝術博物館館藏

這座羅漢像來自中國河北省易縣的八佛窪
山岩洞。根據相關文獻記載，八佛窪山岩洞共有
十六尊遼三彩羅漢像。它們是中國已知最早的
十六羅漢群塑，忠實地反映了北宋初年宋、遼邊

圖 3.3.12
羅漢像之二
大都會藝術博物館館藏

境佛教雕塑的風格和技藝。每一尊羅漢的表情都生動傳神，他們或蹙眉，或沉思，或遠眺，彷彿一個個活生生的羅漢在參悟佛法，極盡寫實之美。中國著名的建築學家梁思成在《中國雕塑史》一書中描述道："其貌皆似真容，其衣褶亦甚寫實。"梁思成先生認為，它們可以與羅馬造像相媲美，意大利文藝復興時期最精美的雕塑作品也不過如此。

漂泊異鄉

論造型，老衲一點不輸給羅馬雕塑。

然而這些精美的宗教藝術品在中國已無留存。在遭到盜掠和流失海外的過程中，它們或者被丟棄，或者毀於戰火，到現在十六尊僅存十尊。美國有六尊，除了大都會藝術博物館的二尊外，還有波士頓美術博物館、克利夫蘭藝術博物館、納爾遜藝術博物館和賓夕法尼亞大學博物館各存有一尊。美國之外的四尊為加拿大皇家安大略博物館、英國大英博物館、法國吉美博物館以及日本私人收藏家松方幸次郎手中各一尊。據說日本的那尊羅漢像，經過鑒定是明代的作品。吉美博物館的那尊羅漢像是近幾年由民間捐贈的。然而從吉美博物館發佈的照片來看，它似乎是一件刻意模仿易縣羅漢的複製品。

和許多文物一樣，這些羅漢像也是通過盜掠和走私流入外國的。1912 年，在八佛窪山岩洞中安享了幾百年香火的羅漢像遭到了持續的偷竊和哄搶。村民在晚上盜運造像下山的時候，至少有三尊羅漢像被打破。接著德國、法國和日本的古董商人聞風而動，周旋於山民、商人和僧人之間，討價還價。利欲薰心的官府也加入進來，據德國漢學家貝爾契斯基回憶，當地縣衙曾保存有兩尊。地方官虛與委蛇，一邊聲稱要將羅漢安置到某一廟宇裏供奉，一邊巧妙地暗示貝氏，造像正在待價而沽。其中完整的一尊後來輾轉入藏大都會藝術博物館，另一尊羅漢像的碎片其後卻不知所終⋯⋯

圖 3.3.13
羅漢像之三
賓夕法尼亞大學博物館館藏

圖 3.3.14
羅漢像之四
納爾遜藝術博物館館藏

國寶檔案

乾漆夾苧坐佛像

類別：漆器

時代：唐代

現藏地：大都會藝術博物館

身世揭秘：這座佛像是大都會藝術博物館的鎮館之寶。大佛盤坐，手臂有殘缺，佛像的內部是空心的，通體彩色，紋飾簡練，造型生動。它的製作過程為：先用黏土製坯，外面用苧麻布粘裹，反覆三次塗刷含有樹液、牛角、貝母、骨粉和陶瓷等多種原料的生漆。等生漆徹底乾燥後，去掉泥胎，再將漆片復原。這就是著名的乾漆夾苧法——一種為各種製品外表裝飾和保護的技術，出現於魏晉南北朝時期的台州。其製作過程由四十八道工序組成，從型模、上灰、夾苧、披灰再到上漆、砂光、上朱、磨光、貼金，採用了苧麻、生漆、古瓦粉、火山灰、桐油、朱砂和五彩石等天然材料。其整個製作過程全由手工操

作，而且在取材和用料上十分講究，所以製成的
作品具有經久不蛀、光澤潤亮、不開裂、不變形
的特點。唐代使用乾漆夾苧法製作出來的佛像傳
世不多，除了大都會藝術博物館的這件以外，最
著名的莫過於鑒真乾漆夾苧造像了，它現在保存
在日本奈良市的唐招提寺內。

圖 3.4.1
乾漆夾苧坐佛像

圖 3.4.2
鑒真乾漆夾苧造像

康熙玉如意

類別：玉器

時代：清代康熙年間

流失時間：1860 年

原屬地：圓明園

現藏地：大都會藝術博物館

臣吳敬恭祝我大清歲歲豐年，天下事事如意。

身世揭秘：這件玉如意有半米左右的長柄，頭部為鈎子的形狀。長柄有彎曲的部分，鈎頭是靈芝造型。整件玉器呈現彎曲回頭的狀態，有"回頭即如意"的吉祥寓意。它是用一塊名貴的白玉雕刻而成的，晶瑩剔透，具有較強的玻璃光澤。整體顏色是白中透綠，雕刻呈現出多孔和真菌的形狀。手柄的頂部有"御製"兩個大字，手柄下部的文字是"敬願屢豐年，天下咸如意。臣吳敬恭進"，說明這件器物是由一位名叫吳敬的大臣進獻給康熙皇帝的，不僅表達了他對天下太平、五穀豐登的祈願，也委婉地頌揚了康熙皇帝

圖 3.4.3
康熙玉如意

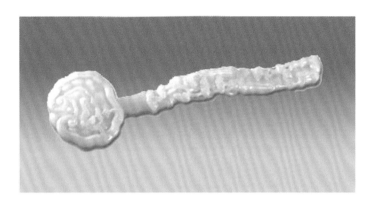

圖 3.4.4
青玉天子古稀玉如意
故宮博物院館藏

的功勞和美德。"玉"比喻美德,"如意"有吉祥
的寓意,因此玉如意成為中國吉祥文化中最具代
表性的物品。同時,它也是清代皇帝賞賜外國使
臣的高級禮物,如乾隆皇帝就曾一次賞賜給英國
使者馬嘎爾尼十幾件玉如意。

　　清代的玉如意不僅在數量上驚人,而且在造
型、材質、工藝及紋飾上都極為考究。它們不僅
在中國各地的博物館中廣為收藏,而且在歷次拍
賣會上的價格也十分驚人,動輒以百萬論身價。
不要說御用如意,就連普通如意,鈎頭呈靈芝形
狀,上刻圖案呈心形或雲形,帶長把的,按玉料
成色劃分,價格也非常昂貴。

圖 3.4.5
靈芝式玉如意
南京博物院館藏

　　身世揭秘：這件絲織品略有殘損。它的質地是羅──一種輕軟的絲綢，圖案呈單元分佈，每一個單元都由一根樹枝上三顆飽滿的石榴果實組成，果實中繪有嬰孩。石榴多籽，很容易讓人聯想到"榴開百子，多子多福"的吉祥含義。圖案由手工彩繪而成，有著極高的工藝水平。不是所有的絲織品面料都適合彩繪，手工彩繪絲綢要選擇平素類（如絹、紡、羅和縐）或暗花類提花織物（如綺、綾等）。因為這些織物的底色淺，畫

圖 3.4.6

彩繪石榴嬰戲紋羅帶

出的花卉、枝葉、縧帶才能明亮柔和，色彩更加
自然。

　　作品所處的時代——遼代，是中國絲綢彩繪
最為興盛的時期。遼代的彩繪絲綢，考古發現的
數量最多，技術最完善，圖案也最為豐富，遼代
的貴族墓葬中通常都有它們的身影。如 1992 年在
內蒙古阿魯科爾沁旗的耶律羽之墓葬中，考古人
員發現了許多彩繪的絲綢碎片，圖案有紫地描盤
縧紋和蔓草仕女等等。

圖 3.4.7
紫地描盤縧綬帶綾

圖 3.4.8
四入團花綾地
泥金填彩團窠蔓草仕女

身世揭秘：畫作縱二百二十一點五厘米，橫一百一十厘米，左下方題有"北苑副使臣董元畫"款識。由此可知，此畫的作者是五代南唐的畫家——董源（一作董元）。此畫曾被張大千收藏過，鈐有他的印章。事情還要倒回到二十世紀三十年代，此畫被徐悲鴻覓得，不久忍痛割愛，轉讓給張大千。隨身賞玩三十幾年後，張大千又把它轉讓給了海外收藏家王己千。最終，大都會藝術博物館從王己千手裏購得此畫。

畫作以立幅的形式表現了山野的隱居環境：山谷中，溪水蜿蜒而下，匯成了一個波紋漣漪的溪池。池岸有竹籬茅屋，後院有女僕勞作的身影，籬笆的前面有牧童騎牛，小道上農夫趕路，一亭榭伸入水中，一位隱士憑欄而坐，舉目眺望，神態極其悠閒，他的夫人抱著孩子，和女僕在一旁嬉戲，好一派平淡卻其樂融融的生活圖

圖 3.4.9
《溪岸圖》

圖 3.4.10
房屋放大圖

景！屋後的山腰上，有泉水從山上流下，匯集到山腳下一個池塘中。水流及湧波以細綫勾畫，一絲不苟，在董源的傳世作品中很少見。山石是用淡墨進行勾畫的，層層渲染，而每塊山石之間卻著濃墨。這是唐代畫家王維“水墨渲淡”的畫法。整座山雖然不高峻，卻似大浪湧起，數座山峰一起向左湧動，畫法精妙。中國的山水畫十分注重山勢的脈絡，但這樣帶有強烈動態的山體，並不多見。

《藥師經變圖》

類別：壁畫

時代：元代

原屬地：山西洪洞縣廣勝寺

現藏地：大都會藝術博物館

身世揭秘："經變"，就是用圖畫的形式來展現佛經的內容。在佛教世界裏，藥師佛是東方淨琉璃世界的教主，是治療疾病、解救苦厄的化身。這幅《藥師經變圖》長十五點二米，高七點五二米，畫中端坐著藥師佛，十二位神將陪伴在他的左右，形象地表現了東方佛教淨土的盛況。壁畫的綫描精巧，色彩繁複，佛像的表情寧靜，衣飾綫條流暢，繼承了唐代畫聖吳道子的畫法。

畫師選用了當時宮廷中最珍貴的顏料，和以上好的石青、朱紅一起摻入石英粉末中，所以壁畫雖歷經七百多年的滄桑，依然鮮艷瑰麗。無論從藝術價值還是工藝價值來看，《藥師經變圖》都稱得上元代寺院壁畫的精品。

圖 3.4.11

《藥師經變圖》

二十世紀三十年代，山西省洪洞縣的廣勝寺僧人見寺院破敗，便把主殿東壁的這幅壁畫以一千六百塊銀圓的價格賣給了兩個美國人，以籌錢修寺。這幅壁畫後來又被轉手給美國著名的藝術品收藏家賽克勒。1965 年，賽克勒以母親的名義將它捐獻給大都會藝術博物館。當初他購買時，壁畫已成破碎的殘片，經過修復在大都會藝術博物館展出。在美國的其他博物館裏，也珍藏著一些廣勝寺的壁畫，如元代的《熾盛光經變圖》，收藏在納爾遜藝術博物館；明代的《藥師經變圖》和《熾盛光經變圖》，收藏在賓夕法尼亞大學博物館。這三幅壁畫都是通過古董商盧芹齋賣出的。

圖 3.4.12
廣勝寺外景

圖 3.4.13
《熾盛光經變圖》（局部）
納爾遜藝術博物館館藏

類別：瓷器

時代：清代康熙年間

原屬地：景德鎮官窯

現藏地：大都會藝術博物館

身世揭秘：豇豆紅是一種紅釉瓷器，清代康熙年間燒造成功。大都會藝術博物館館藏集中了菊瓣瓶、萊菔（蘿蔔）瓶、柳葉瓶、太白尊、鏜鑼洗、印色盒等多種器型。這些瓷器雖然形體矮小，但是每件都色澤紅潤，勻淨細膩，有些器物的釉色中還散綴有天然的綠色苔點，堪稱豇豆紅瓷器的上乘之作。豇豆紅造型輕靈秀美，色調淡雅宜人，不均勻的粉紅色猶如紅豇豆一般。因為

圖 3.4.14
康熙豇豆紅之一
（左起：萊菔瓶、菊瓣瓶、柳葉瓶）

它們的顏色淺紅嬌艷，像小孩兒的臉蛋，也像三月的桃花，所以被人們稱為"娃娃臉""桃花片"和"美人醉"。豇豆紅釉所具有的柔和色調，是由於釉中銅膠體的分佈錯綜複雜而形成的，燒成時倘若氧化焰超過需要量，就會出現綠斑。這種技術很難掌握，所以康熙豇豆紅傳世數量稀少，而且沒有大件器物。康熙豇豆紅的燒造工藝精湛，不僅被各大博物館爭相收藏，而且深受私人收藏者的喜愛，拍賣價格屢創新高。1994年的香港佳士得拍賣會上，一件清康熙豇豆紅太白尊的成交價高達人民幣六十點四二萬元；1996年香港佳士得秋拍靜觀堂藏品中，一套八件的豇豆紅文房用品，估價四百五十萬到五百五十萬港元，最後的成交價格是七百一十七萬港元，成為當時瓷器拍賣中的一個亮點。

讓人震驚的是，大都會藝術博物館擁有一百餘件豇豆紅瓷器，相當於中國各個博物館收藏的豇豆紅瓷器的總和。

第 4 章

東京國立博物館裏的唐宋印象

東京國立博物館中的唐三彩貼花龍耳瓶
可以說是文化交流的"混血兒"，它身上的
圖案突出表現了古代伊朗的異國情調，成為
中國與西亞文化交流的見證。

國寶傳奇

　　1923 年 9 月 1 日，日本的橫濱和東京發生了里氏七點九級的地震，史稱"關東大地震"。地震引發了大火，東京有百分之八十五的房屋被毀壞，銀行大亨菊池晉二的家也未能倖免。這位老人平時最喜愛收藏書畫，尤其是中國的書畫。就在房屋著火的一刹那，他衝了進去，奮力搶出了三件書畫，而其餘的在大火中都化為灰燼了。三件書畫之中，就有兩件中國宋代的書畫：一件是號稱"天下第三行書"的《寒食帖》（蘇軾的書法作品，現藏於台北"故宮博物院"），另一件是宋代書畫《瀟湘臥遊圖卷》。

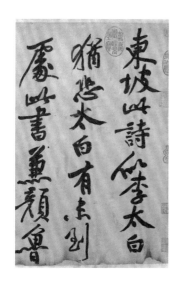

圖 4.1.1
《寒食帖》（局部）

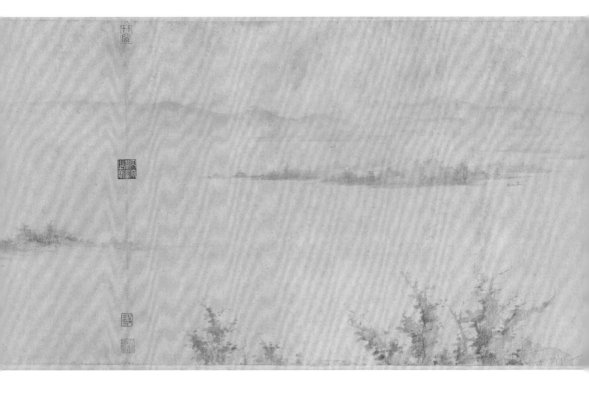

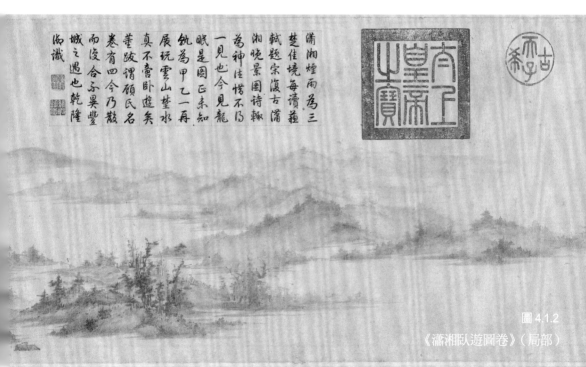

瀟湘煙雨為三
楚佳境每讀蘇
軾題宋復古瀟
湘晚景圖詩輒
為神往惜不乃
一見也今見龍
眠是圖正未知
軌為甲乙一再
展玩雲山甓水
真不啻卧遊矣
董跋謂頓氏名
卷有四今乃散
而復合不異豐
城之遇也乾隆
御識

圖 4.1.2
《瀟湘臥遊圖卷》（局部）

103

這已經是《瀟湘臥遊圖卷》經歷的第二次劫難了。第一次劫難是在東渡扶桑的時候。此前，畫卷一直珍藏在清宮裏。清末民初，日本人原田悟朗開始從事中國文物的買賣，曾經進入紫禁城參觀過宮裏的收藏，結識了陳寶琛、郭葆昌等多位清代的高官和古董商。通過原田悟朗，許多中國寶物轉賣給了日本的收藏家。原田悟朗有一次購入了《寒食帖》和《瀟湘臥遊圖卷》兩件珍品。他乘船回日本的時候，把兩幅畫用油紙層層包裹，做好了旅途中一旦遭遇海難，帶著畫卷跳海求生的準備。回到日本後，原田悟朗便把《寒食帖》和《瀟湘臥遊圖卷》賣給了菊池晉二。幾經輾轉，《瀟湘臥遊圖卷》最後入藏東京國立博物館，並在那裏得到了很好的保護。

《瀟湘臥遊圖卷》的作者是南宋一位姓李的畫家，畫作可以和顧愷之的《女史箴圖》相媲美。不過，也有人認為它是北宋畫家李公麟的作品。此畫是乾隆皇帝收藏的四大名卷之一。畫卷的最左端原來捲入了畫軸中，是看不到的。修復人員後來發現，捲起來的部分竟然是在乾隆皇帝之前的收藏者的落款。乾隆皇帝可能不願意讓後人知道這幅畫還有別的收藏者，故意將其捲起。畫面最顯眼的地方，都是乾隆的朱紅大印、題字和題

圖 4.1.3
乾隆皇帝題字

　　a　　　　　　b　　　　　　c

圖 4.1.4
乾隆行款：
a. 太上皇帝之寶
b. 八徵耄念之寶
c. 三希堂精鑒璽

跋等內容，其用心令人莞爾。

　　此畫與南宋時期佛教臨濟宗的雲谷禪師有關。相傳禪師雲遊四海之後，隱居在浙江吳興的一座名叫金斗的山中。他很遺憾地想到自己尚未遊覽過瀟湘山水，於是請了一位姓李的畫家替他繪出瀟湘山水的美景。畫成之後，禪師把它掛在了房中，這樣足不出戶就可以欣賞到美景。與雲谷禪師同時代的文人章深（號蒙齋居士）在畫卷之後寫有題跋，說出了這幅畫的創作緣起。

　　畫卷運用濃墨和淡墨成功地表現了微妙的明暗變化，是作者高超畫技的集中體現。東京國立博物館的中國書法史專家富田淳在接受《世界新聞報‧鑒賞中國》周刊記者的採訪時說，他們在清潔畫卷的時候，發現畫卷前方的空白處隱隱約約地浮現出淡墨描繪的蘆葦，手法細膩精緻，著實讓修復人員驚喜萬分。《瀟湘臥遊圖卷》一直被書畫界稱作“南宋山水畫第一神來之作”，看來所言非虛。

日本人極為推崇中國唐宋時代的藝術品，通過幾百年的積累，以東京國立博物館為代表的日本博物館中保存著中國唐宋時代的大量藝術作品，不無遺憾的是其中有些藏品類型在中國是看不到的。現在，我們就在東京國立博物館裏感受一下唐宋印象吧。

圖 4.1.5
《瀟湘臥遊圖卷》
中的墨色

博物館探秘

　　東京國立博物館是日本最大的博物館，位於東京台東區上野公園北端，創建於明治五年（1872年）。原來是東京湯島聖堂的文部省博物館，1889年改稱"帝室博物館"，1900年再次改名為"東京帝室博物館"，1947年博物館的主管單位由宮內省改成了文部省，1952年正式定名為東京國立博物館，隸屬文部省文化廳。

　　1938年，東京國立博物館確定了現在的建築和展覽格局。整個建築群由一幢日本民族式雙層樓房和左側的東洋館、右側的表慶館以及大門旁的法隆寺寶物館構成，共有四十三個展廳，收藏

圖 4.2.1
東京國立博物館

了十幾萬件歷史文物和美術珍品，涵蓋了雕刻、染織、武器、陶瓷、建築、繪畫、青銅、漆工、書道等各個類別。

中國文物專館

東洋館的第三層為“中國文物專館”，專門陳列中國的考古發現，如陶器、青銅器、玉器等，共有五個陳列室。四層的四個陳列室可以說是“中國繪畫書法專館”，包括石刻畫像、繪畫、書法及書畫用品等。此外，東洋館的其他陳列室還有一些特別的專題，用來展示中國文物與東南亞文物之間的文化淵源，如銅鼓和青花瓷等。在這些館藏的中國文物中，唐宋時代的歷史文物和藝術品最為耀眼，歷史和藝術價值也最高。

以東京國立博物館為代表的日本博物館為什麼對中國唐宋時代的作品情有獨鍾？原因還要追溯到中國的隋唐時代，那時候日本和中國的交往很頻繁。當時的日本政府多次派遣官方的交流使團來中國，此外還有民間人士到中國學習，比如日本留學生阿倍仲麻呂和佛學造詣高深的空海和尚等。

他們一直以中國為文化母國，虛心學習，並

圖 4.2.2
中國文物專館

圖 4.2.3
東洋館

大量引入各種藝術品。近代以來，中國的文物大量流失海外，其中大部分唐宋時代的藝術品流入了日本。抗日戰爭勝利前夕的 1945 年 4 月，國民政府教育部成立了“戰區文物保存委員會”（“教育部清理戰時文物損失委員會”的前身），清查文物的損失情況。經過艱苦的努力，該委員會統計出八年抗戰期間，被劫掠和毀壞的歷史文化古跡七百四十一處、書畫作品一萬五千多件、古器物一萬六千多件、碑帖九千三百多件、珍稀書籍三百萬冊、文件六十多萬件。在這些被掠奪至日本的文物中，唐宋藝術品佔了相當大的比例。

　　1947 年初，被派赴日本任中國駐日本代表團文化專員的王世襄歷盡艱辛，從日本追回了一百零六箱珍貴典籍文物，成為當時中央圖書館善本圖書的主體。1950 年到 1956 年，日本又陸續歸還了六批來自中國的古物，交還給了台灣當局，保存在台北"故宮博物院"。然而日本歸還的這些東西中，真正的文物很少，有價值的文物更少，唐宋時代的精華多數留在了日本。

東京國立博物館共收藏中國各類藝術品和考古資料一萬餘件，是日本收藏中國文物最多的博物館，中國文物在這裏的保存條件也是最好的。以書畫收藏為例，書畫收藏室的建築材料採用的是中國台灣的檜木，有利於室內溫度和濕度的調節。此外，還有空調和濕度調節器的輔助。東京國立博物館收藏室的溫度常年可以保持在二十二至二十四攝氏度，濕度可以保持在百分之五十五左右。

琳 琅 滿 目

嶄露頭角的唐詩聖手——唐代寫本《王勃集》

它是這個樣子的

　　唐代是詩的時代，湧現了許多著名的詩人。王勃就是其中的一位，他與駱賓王、楊炯和盧照鄰被稱作“初唐四傑”，對唐詩的發展起到了重要作用。他的詩和文章被收錄在《王勃集》中。我們在東京國立博物館內發現了名為《王勃集》的唐代寫本殘卷。“寫本”又稱抄本，指的是抄寫流傳的本子，是雕版印刷術發明以前書籍的主要載體形式。

　　這幅殘卷寫有“集卷第廿九”和“集卷第卅”，說明它是《王勃集》的第二十九卷和第三十卷。第二十九卷存有《張公行狀》一文和其他五篇祭文，後半部分殘缺，所缺的內容當為卷首目錄中的《祭高祖文》。第三十卷的前半部分殘缺，但是保存了四篇文章：《君沒後彭執古孟獻忠與諸弟書》《族翁承烈書》《族翁承烈致祭文》和《族翁承烈領乾坤注致助書》，這是王勃死後，

圖 4.3.1
王勃像

圖 4.3.2
《王勃集》殘卷（局部）
東京國立博物館館藏

> 出三江而遊五湖，
> 越東甌而渡南海。

親友祭奠他的文章，可能是《王勃集》的附錄。

　　除了東京國立博物館，日本的其他地方還保存有《王勃集》的三種藏本：蘆屋市的上野氏藏本、奈良市的正倉院藏本和京都的神田氏藏本，保留了這位英年早逝的詩人珍貴的文字。王勃二十七歲時南下探親，渡海的時候不慎溺水而亡，但史學界對他去世的相關史實還存有爭議。日本所藏的寫本《王勃集》，不但保存了唐代三十卷本《王勃集》的原貌，還存錄了大量的王勃佚文，對於了解王勃去世前後的情況有參考價值。中國國內的幾種版本，都不包括日藏《王勃集》寫本中的這部分內容。所以，日本所藏的《王勃集》具有珍貴的文獻價值。

原來還有這麼多版本

　　除了《王勃集》，東京國立博物館還藏有其他的唐代寫本。這些唐代手寫的卷書，文字更接近原貌，很少有抄寫的錯誤。所以，專家學者在校勘古籍時，都要參考這些寫本。這些寫本不僅涵蓋了中國古代的經史子集，還有國內散失的古琴曲等。如現存最早的琴曲譜——《碣石調幽蘭》，其中"碣石調"是指琴曲的曲調形式，"幽蘭"則是樂曲的標題和所描寫的內容。原本在中國的清末之前已經遺失，藉助影印本，琴譜得以由日本傳回國內，並重新在中國面世。

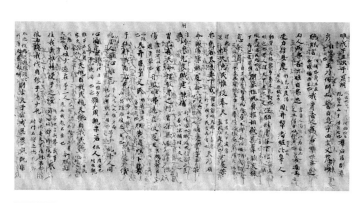

圖 4.3.3
唐代寫本《古文尚書》第六卷（局部）

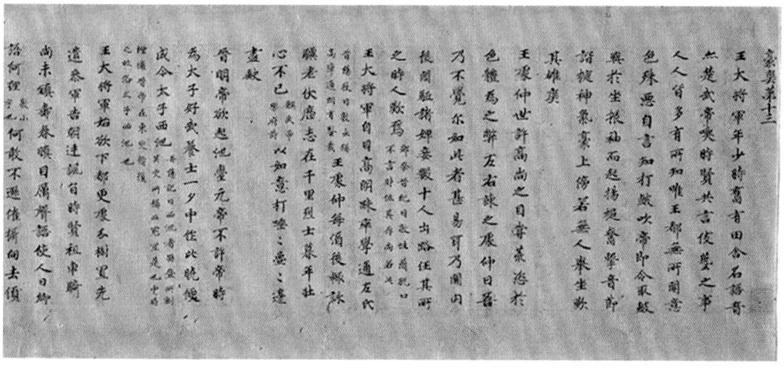

圖 4.3.4
唐代寫本《世說新語》殘卷（局部）

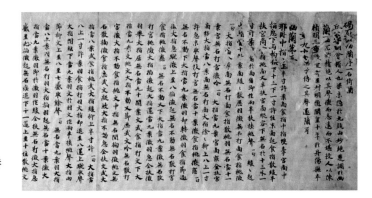

圖 4.3.5
《碣石調幽蘭》第五卷
（局部）

它是這樣漂洋過海的

日本所藏的這些唐代寫本，其來源有兩種可能：一是七至八世紀，由日本遣唐使團和日本留學僧人及留學生帶回日本。如日本派出的遣唐使吉備真備在唐代開元年間來到中國，研覽經史，涉獵六藝，歸國時帶回了《唐禮》一百三十卷等漢籍；二是敦煌石室中的部分珍本流入日本。這些寫本，抄寫年代上起四世紀的東晉後期，下至北宋初年，以佛經居多，此外還有道家和儒家經典、史乘地誌、字書、詩詞俗曲、雜文、信札、醫方、曆書、賬冊、戶籍等內容。

文化交流的"混血兒"
——唐三彩貼花龍耳瓶

唐三彩如此絢麗

　　東京國立博物館藏品中不乏精美的唐三彩，最具代表性的當屬貼花龍耳瓶，瓶高四十七點四厘米，口徑十一點四厘米，底徑十厘米。唐三彩不是瓷器，而是陶器，它是在七百五十至八百五十攝氏度的溫度下燒造而成的，比瓷器的燒造溫度要低二百攝氏度左右。唐三彩以白色黏土做胎，填充含鉛的低溫釉，並加入了鐵、銅、錳、鈷等多種金屬，燒製成多種顏色。"三彩"是多種色彩的意思，以黃白綠為基本釉色，包括了赭、褐、紅、藍、黑等許多顏色。

　　貼花龍耳瓶上，龍頭咬住瓶口兩側，又與瓶身相連，構成耳狀。雖然稱為龍耳瓶，但龍頭與其說是耳，不如說是把手。這種造型是隋到初唐時期陶瓷的流行樣式，但幾乎都是白瓷，如在陝西西安李靜訓墓中出土的隋大業四年（608 年）的白釉雙龍柄聯腹傳瓶和故宮博物院收藏的唐代初年的白釉雙龍耳瓶。因此，這件彩色作品顯得尤為珍貴。

圖 4.3.6
唐三彩貼花龍耳瓶
東京國立博物館館藏

美麗來之不易

此瓶採用了彩色的貼花工藝，即用粘貼法將花紙上的彩色圖案移至陶瓷坯體或釉面，又稱"移花"。圖案突出表現了古代伊朗的審美情調，成為中國與西亞文化交流的見證。美國芝加哥美術館所藏的一件唐三彩罐，圖案與這件龍耳瓶的圖案極其相似。

唐代的中國是世界文化交流的中心，和中亞、西亞的許多國家都有官方和民間的文化往來。當時統治伊朗地區的是薩珊王朝，它與唐王朝建立了友好的關係。薩珊王朝被阿拉伯帝國（唐人稱為"大食"）滅亡之後，末代國王伊嗣埃三世的兒子俾路斯東逃至大唐，擔任了唐高宗的大將軍。在官方的推動下，薩珊的商人也來到中國，從事胡椒、茶葉等生意。在這種情況下，薩珊風格迅速傳入中國，在唐代的許多器物中，都有古代伊朗風格的痕跡。如故宮博物院館藏的一件青釉鳳首龍柄壺，此壺紋飾中的聯珠紋和胡人舞樂形象，是薩珊王朝金銀器上慣用的紋飾，其他的諸如星星、月亮、捲草、忍冬、葡萄等紋飾，也是古代伊朗及西亞藝術品上常見的。正是由於開放性，唐人在創新革古的氣度下，實現了中原與中亞、西亞文化的完美結合，從而創造出

圖 4.3.7
唐三彩罐
芝加哥美術館館藏

圖 4.3.8
青釉鳳首龍柄壺
故宮博物院館藏

燦爛多姿的唐代文化。

有人說，唐三彩是代表唐代貴族趣味的陶藝。雖然有些唐三彩是當時的日用器皿，但是它的主要功用是用於陪葬。使用這種華麗的藝術品來陪葬，自然只有貴族才能辦到。

圖 4.3.9
白釉雙龍柄聯腹傳瓶
中國國家博物館館藏

圖 4.3.10
白釉雙龍耳瓶
故宮博物院館藏

常來常往，
互通有無。

它是這個樣子的

在東洋館一層的"中國佛像"展廳裏，有一件用石灰岩雕刻的石像——"如來三尊佛龕"，高一百零四點五厘米。從佛龕後面的文字可知，它是唐代武周年間司農寺丞姚元所造，而姚元就是唐代著名宰相姚崇（輔佐唐玄宗開創了"開元盛世"）的兄長。流落日本之前，這件佛龕藏在中國西安的寶慶寺中。

石刻中間的如來前額飽滿，鼻直唇厚，面部表情和藹可親，盤腿坐於平台之上，顯示出平和與智慧。作品用凸起流暢的線條表現了服飾貼近身體的效果，像是剛從水中撈出的一樣。兩位侍者面容飽滿，玉膚冰肌，髮髻高聳，一隻手上托，手指清晰可辨，另一隻手下垂。兩位侍者身軀略彎，形成幅度極小的"S"形，體態婀娜，衣褶效果真實，帶有慈祥和善之意，透露出人情味和世俗的氣象。遺憾的是，右邊侍者的面部是缺損的。關於這兩位侍者的身份有兩種說法，一種說法是阿難尊者和迦葉尊者，另一種說法是普賢菩薩和文殊菩薩，分別代表著理性和智慧。

圖 4.3.11
如來三尊佛龕
東京國立博物館館藏

圖 4.3.12
如來像

圖 4.3.13
侍者像

它的朋友們

　　除了這件佛龕之外，還有數十件寶慶寺唐代石雕佛像，藏於日本的東京國立博物館、文化廳和一些私人的手裏。佛像的製造者，有姓名可考者五件，如長安三年（703 年）揚子縣令蕭元春造彌勒坐像、開元十二年（724 年）虢國公楊思勖造彌勒坐像等等。

　　這件石龕的人物面部表情都是和藹可親的，表現了唐代佛像整體的藝術特徵。唐代佛教興盛，上至達官貴人，下至平民百姓，無不篤信佛教。他們普遍把佛教人物作為可以救助自己的偶像，為了拉近佛教與普通人的距離，讓大家覺得佛菩薩就在身邊，就把他們的形象擬人化，這樣創作出來的佛像就令人產生了似曾相識的感覺。佛教雕塑以美好幻想來表現人間的生活，也就形成了這一時期佛教造像寫實的藝術風格。這樣，佛像更加符合世俗的願望，普通人也就更加容易接受佛教。

圖 4.3.14
蕭元春造彌勒坐像
東京國立博物館館藏

圖 4.3.15
虢國公楊思勖造彌勒坐像
日本文化廳藏

國 寶 檔 案

地藏王菩薩像

類別：絹畫

時代：唐代晚期

原屬地：敦煌莫高窟藏經洞

現藏地：東京國立博物館

　　身世揭秘：這幅由薄絹製成的幡，描繪的是地藏王菩薩，高八十三點三厘米，寬十八點二厘米，是八至九世紀的作品。地藏王菩薩一身僧侶裝束，站在紅蓮花座上面，身披袈裟。

　　四凸不平的衣褶所產生的立體效果，盡顯其妙，綫條流暢，色彩以朱紅、綠、淡藍為主調，呈現出明快的風格。幡可以表示佛陀、菩薩的威德和莊嚴，因此人們在佛寺中大量放置。根據其他的同類作品來看，該件幡缺少了以下幾個部分：三角形的頂部、幡身下面的軸和幡身兩側的細垂飾。就這件幡的質地來看，算不得上品。然而，幡上繪畫顯示出極其熟練的綫條和著色技

圖 4.4.1
地藏王菩薩像之一
東京國立博物館館藏

圖 4.4.2
地藏王菩薩像之二
吉美博物館館藏

巧,把幡中的奧妙之處曲折而委婉地表達了出來,加之唐代的佛畫傳世很少,所以這件幡的藝術價值就顯得尤為珍貴。

這件作品是在敦煌莫高窟藏經洞發現的,1908年保羅·伯希和把它帶回了法國。1957年,它從吉美博物館來到東京國立博物館,原因是吉美博物館還有一幅內容相同的幡(高一百九十四厘米,寬二十五厘米),只是袈裟、手勢和華蓋的方向是相反的,說明其中一幅是參照另一幅製作的。考慮到它們出於同一母本,吉美博物館就用其中一件交換了東京國立博物館裏的其他藏品。

《十六羅漢圖》

類別：繪畫

時代：宋代

現藏地：東京國立博物館

身世揭秘：宋代金大受所畫的《十六羅漢圖》共十六幅，再現了唐宋時期佛教的興盛。其中的這幅畫的是羅漢──羅睺羅尊者，釋迦牟尼的兒子，藍毗尼王國的王孫。這位王孫在父親的影響下，在十五六歲的時候皈依了佛門。為此，釋迦牟尼為他創立了沙彌制度，佛教的"沙彌"即來源於此。羅睺羅尊者以忍耐著稱。佛經記載，有一次，他和舍利弗到王舍城去化緣。路上走來一個惡漢用棍棒打破了羅睺羅尊者的頭，鮮血直流，但羅睺羅尊者沒有還手，認為這是佛祖的教誨。在佛祖的十大弟子中，他以"密行第一"而著稱。所謂的"密行"，就是秘而不宣的善行義舉，也就是積陰德。

畫中的羅睺羅尊者身披大袈裟，左手持法器，盤腿而坐，濃鬚長眉，雙目微合，嘴唇緊閉，表情恬淡，一副"一無所見，一無所思，無掛無礙"的神態，彷彿達到了超凡脫俗的境界。

圖 4.4.3
羅睺羅尊者

在他的左邊是一位侍者，手拿盒子。羅漢和侍者的服飾衣褶採用了細筆精描的方法，粗細均勻，筆意流暢。羅漢左上方及一側的崖石突起奇崛，雖僅表現部分山石，卻體現出厚重和蒼渾，也反襯得羅漢的形象更加鮮明。而在羅漢畫像中鋪設山水、松竹、室內陳設、屏風、欄杆等造型，把羅漢置於人間生活場景之中，有助於表現羅漢的世俗化。羅漢背後的頂端，從山體上探出幾株松樹，在視覺上給整幅畫面平添了幾分靜謐清幽的

圖 4.4.4
因揭陀尊者

圖 4.4.5
半吒迦尊者

效果。質感強烈的山崖草木與迷蒙飄拂的雲氣形成了鮮明的虛實對比，從而給觀者留下了一種亦真亦幻的感受。

梅花天目盞

類別：瓷器

時代：南宋

現藏地：東京國立博物館

身世揭秘：這件梅花天目盞為吉州窯（今江西吉州市）仿製福建建陽窯而成，燒造時代為南宋。器物外部通體黑釉，顏色紺（稍微帶紅的黑色）黑如漆，溫潤晶瑩。內壁嵌有梅花圖案，並佈滿密集的筋脈狀褐色紋飾，猶如兔子身上的毫毛一樣纖細，閃閃發光，所以又被稱為"兔毫盞"。"天目"一詞，則是日本對黑釉茶碗獨有的稱謂。關於其來源，眾說紛紜，人們普遍接受的說法是，宋代求法的日本禪宗僧人，從浙江的天目山攜帶黑釉茶碗回國，故名。天目盞是黑釉碗中的極品，其特點是墨黑的底色上散佈著深藍色的星點，非常漂亮。有的兔毫盞還有紅、藍、綠等色彩點綴在星點的周

圖 4.4.6
梅花天目盞

125

圖 4.4.7
建陽窯天目碗
日本靜嘉堂文庫美術館館藏

圍，陽光照耀之後，色彩常常發生異變，稱為曜變，深受日本人的喜愛。為此，日本人在沿襲宋人飲茶禮俗的基礎上，創立了"茶道"。日本的"茶道"對茶室、茶桌、茶具的要求非常規範和講究，而且茶具必須使用天目盞。再到後來，日本人就把黑釉茶碗統稱為天目茶盞。如今，在日本幾個大博物館中都收藏有這類瓷器，如日本靜嘉堂文庫美術館收藏有一件宋代建陽窯天目碗，有著極高的藝術價值。

行書《虹縣詩》卷

類別：書法
時代：北宋
現藏地：東京國立博物館

圖 4.4.8
《研山銘》（局部）
故宮博物院館藏

身世揭秘：《虹縣詩》是宋代四大書法家之一——米芾（其餘三家為蘇軾、黃庭堅和蔡襄）的作品，和上海博物館的《多景樓詩》冊、故宮博物院的《研山銘》同為目前僅存的米芾大字墨跡，自然十分珍貴。《虹縣詩》卷寫的是米芾的兩首七言詩，紙本，共三十七行，每行二三字不等。這兩首七言詩，一首是："快霽一天清淑氣，健帆千里碧榆風。滿舡書畫同明月，十日隋花窈

圖 4.4.9
行書《虹縣詩》卷（局部）

寃中。"另一首是："碧榆綠柳舊游中，華髮蒼顏
未退翁。天使殘年司筆研，聖知小學是家風。長
安又到人徒老，吾道何時定復東。題柱扁舟真老
矣，竟無事業奏膚公。"

這兩首詩寫於米芾的晚年，那時他正搭乘船
隻沿著運河經過虹縣（今天的安徽省泗縣），準
備前往北宋的都城汴京（今天的河南省開封市）
就任書畫學博士。米芾以書畫鑒定專長，"書畫學
博士"是他受到宋徽宗賞識而獲得的最高職位。
詩中描寫了沿岸的風光，抒發了他當時的心境。
字體輕重緩急變化豐富，有明顯的節奏感，加之
用墨的濃淡，有渾然一體、自然天成的感覺。米
芾為書畫學博士時，宋徽宗常常召見他談論書
畫。一次在問完當時書法家的書法特點之後，宋
徽宗問他對自己書法的評價，米芾便以"刷字"
（中鋒行筆，運筆迅捷、勁健、沉著）自嘲。米芾
的大字作品中，"刷字"的特點表現最為明顯。

《雪景山水圖》

類別：繪畫

時代：南宋

現藏地：東京國立博物館

身世揭秘：《雪景山水圖》共有兩幅，分別為南宋宮廷畫家梁楷及梁楷的傳人所作。而梁楷所作的《雪景山水圖》是日本政府指定的八十七件國寶之一。

梁楷的這件《雪景山水圖》，縱一百一十點八厘米，橫五十點一厘米，絹本，立軸，水墨淡雅。該圖描畫了兩個身著白色披風、頭戴風帽的騎驢人穿行山谷的情景。畫面右邊的兩棵老樹有著虬曲的枝幹和稀疏的樹葉，是梁楷以細緻的筆法描繪出來的。

畫面中部以點簇技法畫密林，而山體的皴筆則較少，在以淡墨渲染的天空映襯下，給人以白皚皚之感，整個畫面呈現出一種荒涼蕭瑟的氛圍，堪稱南宋宮廷山水畫的經典之作。東京國立博物館是這樣介紹該畫的："作品以山為背景，展現了荒漠所獨具的巨大山水空間，而騎驢人和雁群等微小的存在也得到了精細的表現，可謂是一

幅顯示了梁楷同樣擅長精密畫風的力作。"東京
國立博物館的兩幅《雪景山水圖》都鈐有室町幕
府時代（1338—1573 年）的第三代將軍足利義滿
的"天山"印。由此可見早在明初之前，這兩幅
畫就已流入扶桑。足利之後，兩幅畫轉入酒井家
族。隨後，梁楷本人的《雪景山水圖》被三井家
族收藏，1948 年入藏東京國立博物館，1951 年被
日本政府指定為國寶。後一幅《雪景山水圖》到
2004 年才被東京國立博物館收藏。

圖 4.4.11
騎驢人放大圖

圖 4.4.10
《雪景山水圖》

　　身世揭秘：畫作共兩幅，分別為《紅芙蓉圖》
和《白芙蓉圖》，絹本，左上部都有題款"慶元
丁巳歲李迪畫"，可知兩幅作品是南宋慶元三年
（1197 年）由宮廷畫家李迪創作。這兩幅畫原來
是圓明園的藏品，後來流落海外，最終入藏日本
東京國立博物館。兩幅畫是各自獨立的冊頁，現

圖 4.4.12

《紅芙蓉圖》

圖 4.4.13

《白芙蓉圖》

在被裝裱成一對掛軸。兩幅芙蓉圖是目前舉世公認的，能代表南宋院體花鳥畫最高水平的作品。由於南宋花鳥畫家中只有少數幾位有署名，所以《紅芙蓉圖》和《白芙蓉圖》成為研究南宋花鳥畫的重要資料。

畫面有濃厚的色彩，採用沒骨畫的技巧，過渡自然，表現出芙蓉花瓣形態及色彩細微的變化特徵。細膩而透明的色彩，體現出富麗、鮮潤的特點。本畫的筆法纖細而且色彩的層次極為微妙，因而富於情趣。綫描的技法細緻入微，甚至毛茸茸的葉脈都能表現出來。整體來看，兩幅畫的佈局顯得自然而靜謐。兩圖相比，《紅芙蓉圖》構圖和對花的整體把握更好一些。該畫一改北宋以來用坡石、花草、禽鳥等要素俱全的方式來表現宮苑小景的花鳥畫技，而是採用了折枝、局部和尋常花鳥來表現特定和瞬間的意境和情態，從而形成了構思新奇、主題鮮明、描繪生動、筆墨精妙和手法多樣的風格，給人以清新優雅的感覺。

圖 4.4.14
題款

博物館參觀禮儀
小貼士

　　同學們，你們好，我是博樂樂，別看年紀和你們差不多，我可是個資深的博物館愛好者。博物館真是個神奇的地方，裏面的藏品歷經千百年時光流轉，用斑駁的印記講述過去的故事，多麼不可思議！我想帶領你們走進每一家博物館，去發現藏品中承載的珍貴記憶。

　　走進博物館時，隨身所帶的不僅僅要有發現奇妙的雙眼、感受魅力的內心，更要有一份對歷史、文化、藝術以及對他人的尊重，而這份尊重的體現便是遵守博物館參觀的禮儀。

　　一、進入博物館的展廳前，請先仔細閱讀參觀的規則、標誌和提醒，看看博物館告訴我們要注意什麼。

　　二、看到了心儀的藏品，難免會想要用手中的相機記錄下來，但是要注意將相機的閃光燈調整到關閉狀態，因為閃光燈會給這些珍貴且脆弱的文物帶來一定的損害。

三、遇到沒有玻璃罩子的文物，不要伸手去摸，與文物之間保持一定的距離，反而為我們從另外的角度去欣賞文物打開一扇窗。

四、在展廳裏請不要喝水或吃零食，這樣能體現我們對文物的尊重。

五、參觀博物館要遵守秩序，說話應輕聲細語，不可以追跑嬉鬧。對秩序的遵守不僅是為了保證我們自己參觀的效果，更是對他人的尊重。

六、就算是為了仔細看清藏品，也不要趴在展櫃上，把髒兮兮的小手印留在展櫃玻璃上。

七、博物館中熱情的講解員是陪伴我們參觀的好朋友，在講解員講解的時候盡量不要用你的問題打斷他。若真有疑問，可以在整個導覽結束後，單獨去請教講解員，相信這時得到的答案會更細緻、更準確。

八、如果是跟隨團隊參觀，個子小的同學站在前排，個子高的同學站在後排，這樣參觀的效果會更好。當某一位同學在回答老師或者講解員提問時，其他同學要做到認真傾聽。

記住了這些，讓我們一起開始博物館奇妙之旅吧！

博樂樂帶你遊
博物館

我博樂樂來啦，哈哈，又是一個假期，這個假期可真開心，因為我要和同學們一起坐著飛機遠渡重洋，到海外的博物館去遊覽！

來，我們出發吧！

大英博物館

小提示

為方便觀眾遊覽，大英博物館制定了便民措施，在中央大廳內設置了問詢處。

博物館入口的十二級台階兩邊安著裝有警鐘的自動電梯，可以進行緊急呼叫。

　　我們在歐洲的第一站——英國，到達之後我和同學們一起走進了世界上歷史最悠久、規模最宏偉的綜合性博物館——大英博物館。

　　作為英國的國家博物館，大英博物館的宗旨是揭示人類的歷史，所以每個展廳的展品都是以時間順序進行陳列的。大英博物館設有中東館、硬幣和獎章館、亞洲館、希臘和羅馬館、史前及歐洲館、版畫和素描館等十個分館，共有藏品一千三百餘萬件、二百四十八個陳列室。在大英博物館裏，最引人注目的是來自埃及、希臘、羅馬和東亞的藏品。

　　古埃及和蘇丹館收藏的文物達七萬餘件，僅次於開羅的埃及博物館，藏品中有大型人獸石雕和眾多的木乃伊。聞名於世的羅塞塔碑石，多種

這裏絕大多數都是無價之寶！

碑刻、壁畫、金玉首飾、鑴石器皿以及金字塔和獅身人面像的模型也在其中，最早的年代可以追溯到五千年前。

希臘和羅馬館的展品有古羅馬歷代皇帝的半身雕像，雅典衛城出土的雕塑、黏土版文書、陶壺、金器，以及帕特農神廟雕刻等。帕特農神廟雕刻原是古希臘雅典衛城中的一座主廟，是歐洲古典主義建築的典範。十九世紀初，博物館以三萬五千英鎊收購了此雕刻。

大英博物館的圖書館是共產主義學說的創始人——馬克思撰寫《資本論》的地方。這裏流傳著這樣一個故事：因為馬克思在圖書館廢寢忘食地學習，最後把地面磨出了腳印。好奇的觀眾都會詢問馬克思的座位和腳印的故事，但是結果卻令人意外，因為每個讀者的座位都不是固定的。而且地面上的地毯會經常更換，所以地面磨出腳印的事情不可能發生。傳聞雖然不可信，卻給大英博物館增添了人氣和想像的空間。

小提示

拍照和攝影在多數場館中是允許的，但是只能使用便攜式的攝影器材。帶有三腳架和獨腳架的器材是不允許帶入博物館的。

吉美國立亞洲藝術博物館

地址：巴黎市第十六區伊艾娜廣場

開館時間：周三至周一 10:00—17:30
　　　　　（閉館前 45 分鐘停止入內）

閉館時間：周二

門票：七點五歐元

參觀完充滿人文氣息的大英博物館，下一站旅程是哪裏？飛機飛越英吉利海峽來到法國，我們的目標是——吉美國立亞洲藝術博物館。

吉美國立亞洲藝術博物館（簡稱吉美博物館）收藏的藝術品有五萬餘件，涵蓋印度、巴基斯坦、阿富汗和東南亞各國以及中國、日本與韓國等東亞國家。其中中國部分為二萬餘件，佔全

大家有沒有穿越時
空的感覺？

部展品的三分之一以上，常年展出的藏品佔總數
的百分之五。吉美博物館地上的五層展廳，佈局
是這樣的：一樓展示印度古代及中世紀的佛教藝
術、柬埔寨石雕藝術和越南古佔婆藝術；二樓展
示中國絲綢之路及中國西藏藝術、中亞佛教藝術
和南亞藝術；三樓為中國繪畫、中國佛教雕塑、
韓國及日本藝術；四樓亦展示部分中國藝術品；
五樓圓頂則是展示中國的巨型屏風。吉美博物館
展品的重點是佛教藝術、敦煌壁畫以及中國各個
歷史時期的陶瓷、繪畫等。

小提示

如果觀眾有很好的英文
功底，在進入博物館時
可以租個語音電子嚮
導，通常價格為五歐
元，對照著展品邊走邊
聽。這樣，參觀就不會
盲目，獲得的知識也會
更加豐富和直觀。

　　吉美博物館不愧是亞洲藝術品展出和研究的集中地。除了展廳和地下庫房裏的亞洲文物外，吉美博物館的圖書館裏還存放著大量有關東方宗教尤其是佛教的珍貴文獻。另外值得一提的是它的特藏部分，包括了日本江戶時代的畫冊七百餘冊、藏語古代著作兩千餘冊、維吾爾語古代手稿和一批世界著名東方研究專家的著作手稿。

　　攝影檔案館擁有亞洲考古方面的攝影作品和十九世紀民族人類學方面的老照片，印度、東南亞和遠東攝影藝術作品也位列其中；有聲檔案館內藏有一千八百多張留聲機唱片和一千多張膠木唱片，以及五百多卷民族人類學考察時錄製的磁帶。

　　吉美博物館本身就是一件藝術品。通向四樓的旋轉樓梯曲綫優美，站在樓梯的每個位置觀察其他樓層的展品陳列以及攢動的人群，不只是建築本身，甚至連展品都渾然天成。細心的觀眾會發現，展品已不僅僅是展品，同時也是建築裏的裝飾品。視綫所及處，都有欣喜的發現。例如在樓梯盡頭擺放陶馬，側墻高處陳列佛像，以及在樓梯通道處陳列多尊金佛，沿梯而下，猶如仙人下凡。

　　原來在歐洲，還有這樣專門展示亞洲文化的博物館，同學們是不是大開眼界了呢？

　　飛機又要起航了，離開歐洲，來到北美洲。我這次要帶你們參觀的，是美國的大都會藝術博物館。

大都會藝術博物館

地圖有中文版本的，但是，強烈建議大家還是再拿一份英文版的，因為中文版地圖比較簡略，不如英文的詳細，博物館太大，容易迷路。

地址：紐約市第五大街 1000 號

開館時間：周日至周四 9:30—17:30

周五和周六 10:00—21:00

閉館時間：每年感恩節、12 月 25 日、元旦，以及 5 月的第一個周一

門票：成人二十五美元，學生十二美元，老人十七美元

小提示

在博物館的大廳有一個很大的信息諮詢台，提供各種服務，諸如各種語言版本的地圖。

　　大都會藝術博物館的宗旨就是展示藝術品，所以這裏的藏品是從藝術的角度進行展出和研究的。大都會藝術博物館目前藏有來自世界各地的藝術珍品三百三十餘萬件，內容涉及古今各個歷史時期的建築、雕塑、繪畫、素描、版畫、照片、玻璃器皿、陶瓷器、紡織品、金屬製品、家具、古代房屋、武器、盔甲和樂器等類別。

除了大都會藝術博物館內的十八個陳列部門之外，位於紐約市福特·特賴恩公園內的隱修院也是大都會藝術博物館的一部分，展出的內容是中世紀的藝術和建築，如雕塑、壁畫、彩色玻璃、泥金寫本、雙角獸圖案掛毯、聖物箱、聖餐杯、象牙製品和金屬器等等。大都會藝術博物館宣稱，它們的展品呈現了五千年的世界文化。在三層高的大樓裏，一共劃分出古代近東藝術館、武器盔甲館、非洲大洋洲和美洲藝術館、亞洲藝術館、服裝研究館、藝術館、美國藝術館、中世紀藝術館、埃及藝術館等十七個陳列室和展室。

小提示

進入大都會藝術博物館可以帶相機，但拍照時需要關掉閃光和補光的燈。如果需要用腳架的話，必須在周二和周四時提前到博物館排隊領取專門的腳架使用許可證。在進門的時候，要脫下外套和包進行安檢。

整座二千四百六十年前的埃及古墓被安靜地移放在館內專建的大廳中巨型的玻璃罩裏。還有伊朗銅器、日本盔甲、法國雕塑、英國銀器、希臘彩瓶、敘利亞玻璃以及歐洲各個時期的繪畫……真讓人流連忘返。商周漢代的青銅器、唐宋明清瓷器、明代木制家具以及清代繪畫等中國文物，件件價值連城，有許多是國內已經失傳的孤品。

看，那邊有一排排埃及木乃伊！

　　和大都會藝術博物館的宗旨一樣，其附屬
的圖書館以收集藝術考古書籍為主，有十八萬
五千餘冊供高校研究生、專業研究人員和訪問學
者使用。此外，照片和幻燈圖書館還藏有幻燈片
二十九萬張、黑白照片二十五萬張、彩色照片
六千張，也是世界藝術發展史的珍貴資料。

　　這次旅程的最後一站是哪裏？啊，回到亞洲
了，我們來到了日本。我們要去的是日本最有代
表性的博物館——東京國立博物館。走進東京國
立博物館，來自鄰邦的文化氣息便撲面而來。

東京國立博物館

地址：東京市台東區上野公園北端

開館時間：周二至周日 9:30 — 17:00

　　　　　（16:30 停止進入）

閉館時間：周一及新年

門票：六百二十日元，大學生四百一十日元

小提示

東京國立博物館舉行特展的地方是平成館的二層特別展會場，平成館是為了紀念皇太子德仁親王成婚，於 1999 年（平成十一年）啟用的。

　　東京國立博物館有本館、東洋館、表慶館、平成館及法隆寺寶物館五個展館，四十三個展廳，陳列面積一萬四千餘平方米，館藏珍品十一餘萬件，其中有將近一百件國寶和六百多件國家指定的重要文物，展出文物四千餘件。這些文物不僅涵蓋了日本二千多年歷史中孕育的深厚文化，同時記錄了亞洲地區其他主要國家的歷史。

東京國立博物館主館有二十個陳列室，按時代分別展出日本雕刻、染織、金工、武器、刀劍、陶瓷、書畫、建築構件等展品。其中，十大弟子像、藤原佛畫、《雪舟潑墨山水圖》、狩野永德松柏屏風為日本一級國寶。

　　表慶館是日本明治（1867—1912 年）末年為紀念當時的皇太子（後來的大正天皇）成婚而建造的，共有九個陳列室，按時代分類展出日本各個歷史時期的考古發掘遺物，有石器、彌生式陶器、填輪、漢式鏡、銅鐸、陶瓷器等珍品。

　　法隆寺寶物館有三個陳列室，專門展出明治初年法隆寺向宮廷獻納的各種寶物。由於藏品珍貴，只限每周四開放。這些都是一級國寶。

今天非周四，不能看喲，太遺憾啦！

東洋館是 1968 年開放的新館，分為十個陳列室，有綜合陳列、埃及藝術、西亞、東南亞藝術、中國藝術、朝鮮藝術和西域藝術等部分，展出日本以外的東方各國家及地區的藝術品和考古遺物。

東洋館，當然以中國藏品為主。十個陳列室，中國的藝術品就佔了五個，全部集中在東洋館的第二層。上自新石器時代的良渚文化玉器，下迄清代的瓷器字畫，無所不包。此外，中國最早的成形文字——甲骨文和珍貴的古典文獻也是東京國立博物館的館藏內容，它們為中日文化交流做出了重要貢獻。

小提示

在東京國立博物館的各個陳列室內，每周都會舉行一次"藏品解說"，有助於觀眾更深入地了解藏品的文化價值。

責任編輯　李　斌

封面設計　任媛媛

版式設計　吳冠曼　任媛媛

圖 1.3.2、1.4.5、1.4.7、1.4.12、3.3.1、3.3.11、3.3.12、3.3.14、
3.4.1、3.4.14、3.4.15、4.3.9、4.3.14 出自動脈影

書　　名　博物館裏的中國

　　　　　四海遺珍的中國夢

主　　編　宋新潮　潘守永

編　　著　陸青松

出　　版　三聯書店（香港）有限公司

　　　　　香港北角英皇道 499 號北角工業大廈 20 樓

　　　　　Joint Publishing (H.K.) Co., Ltd.

　　　　　20/F., North Point Industrial Building,

　　　　　499 King's Road, North Point, Hong Kong

香港發行　香港聯合書刊物流有限公司

　　　　　香港新界大埔汀麗路 36 號 3 字樓

印　　刷　中華商務彩色印刷有限公司

　　　　　香港新界大埔汀麗路 36 號 14 字樓

版　　次　2018 年 6 月香港第一版第一次印刷

規　　格　16 開（170 × 235 mm）168 面

國際書號　ISBN 978-962-04-4265-0